U0167878

le petit guide des explorateurs de la nature

我的第一堂自然课·奇妙的探索之旅

图解自然百科全书

[法] 布兰迪尼·普吕谢（Blandine Pluchet）
莫甘娜·佩罗（Morgane Peyrot）
苏菲·帕迪埃（Sophie Padié）
格扎维埃·尼奇（Xavier Nitsch）
托马·洛努瓦（Thomas Launois）
夏尔·泽特尔（Charles Zettel）著
[法] 丽丝·赫尔佐克（Lise Herzog）绘
王柳棚 译

中国·武汉

符号

花草树木

50～80cm 花草的高度

25m 树木的高度

A 一年生

B 两年生

V 多年生

C 落叶

P 常绿

可食用：植物的某些部分可食用

有毒：注意！植物的全部或者某些部分对人类有毒！

可药用：植物的全部或者某些部分可入药。请注意，在入药之前请确保已确认植物的种类，并已通过查阅资料了解了相关信息

昆虫和蝴蝶

长度（从头部到腹部末端）

宽度

需拍照才能有效识别

R 稀有或濒危物种

M 濒危或保护物种

蝴蝶

飞蛾

鸟类

翅展宽度

15cm 长度，从头顶到尾端

天空

行星

可视星

深空天体

易观测（明亮或常见）

一般观测难度（中等亮度或较常见）

难观测（黯淡或罕见）

星历，即天象事件查阅日历

理想观测季节

天气预报

晴朗

小雨

雨

雷雨

暴风雨

目录

编者注：颜色艳丽的蝴蝶是非常受欢迎的昆虫，所以单独作为一小节列出，其中也包括几种蛾。

前言

你手中的这本书将为你打开一个又一个世界的大门，带你发现花草、树木、昆虫、鸟类，以及居住在这个地球上的所有其他动植物，当然还有天空中的云朵和星星……过于城市化的生活环境让我们常常将它们忘记，虽然它们是我们日常生活的一部分，却一直被我们熟视无睹。

带上这本书，去开启一场美妙的发现之旅吧！它们的体型从最微小到最硕大，存在于你低头所见的地面上或抬头所及的天空中，在草地上，也在树林里，在水滨，也在山巅，在白天的天空，也在晚上的夜色里。

鉴于市面上已经存在许多百科全书，本书并未面面俱到，它的目的仅仅是为你提供一个在日常生活中进行探索与发现的示范，并以此来激发你的好奇心。通过它，你将发现我们这颗迷失在浩瀚宇宙中的湛蓝而又脆弱的超级星球拥有令人难以置信的多样性和美丽，在这里，每个生命都有它的位置和角色。

如何使用这本书

根据不同的观察区域，本书共分为六章。第一章从你的脚下开始，主要介绍生活在草地上的动植物，你将在草丛中发现各种不同的花儿、虫儿和鸟儿。第二章则将你带到水边、河岸，以及池塘。在第三章，你开始抬头看向森林中的高大树木，然后在第四章攀登高山，来到高处，并遇见那里独特的动物和植物群落。在第五章中，你将翱翔云端，观察大气，并见证一些神奇的自然现象。在最后一章，你将走出地球，去邂逅夜色中的星空和各种天体……

为了便于你的探索和对正文的理解，我们将提供一些钥匙。根据贯穿全书的各个主题，下面的段落按相应的行文逻辑总结了一些基础知识和建议。当你在阅读中探索时，我们还会聚焦特定的主题，来拓展你的冒险旅途。

仔细观察昆虫

昆虫有超过一百万已知物种，是地球上数量最多的动物群体。它们适应了所有的陆地环境，做着授粉、清洁和为土壤施肥的工作，还是鸟类、蝙蝠和两栖动物等的食物。简而言之，昆虫对于生态系统的平衡和生物圈的可持续发展至关重要。

在本书中，根据不同章节中展示的不同环境，你将发现各种类别的昆虫。每种昆虫都有专门的信息卡片来介绍其外观、栖息地和生活习性。

但是，你还是有必要了解昆虫的一般结构，以便更好地识别它们。例如，蜘蛛不是昆虫，而是蛛形纲动物。昆虫一般具有如下特征：身体分为三个部分（头、胸、腹）、三对足、一对触角和一对上颚。它们一般有四只翅膀，但不是所有昆虫都是如此。

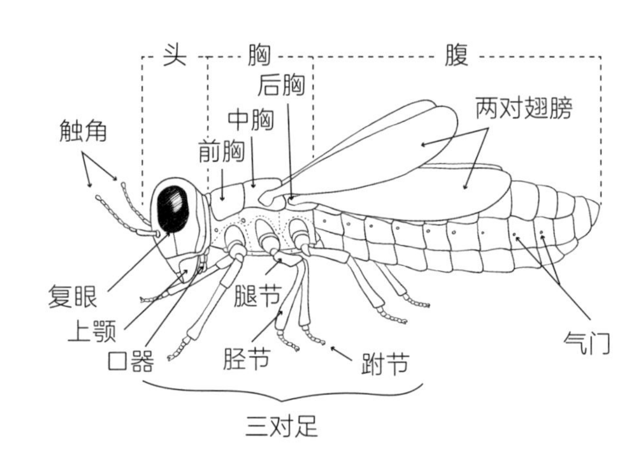

昆虫纲下面分为许多目，如：

- 著名的鞘翅目，得名于第一对被称为鞘翅的坚硬翅膀，是很好的识别指征。鞘翅保护着它们用来飞行的第二对翅膀，瓢虫、金龟子和步行虫等都属于鞘翅目。
- 双翅目，如苍蝇、蚊子或食蚜蝇，它们只有一对可见的翅膀。
- 必不可少的膜翅目，如熊蜂、胡蜂、蜜蜂或大黄蜂。
- 华丽的鳞翅目则包括蝴蝶和飞蛾（见下文）。
- 优美的蜻蛉目，包括蜻蜓和豆娘等。
- 最后是直翅目，我们通常是先闻其声后见其形，包括蚱蜢、蟋蟀和蝗虫等。

仔细观察蝴蝶

在所有的昆虫中，蝴蝶无疑是最受欢迎的。通过惊人的变态发育，毛毛虫蜕变成蝴蝶，宣告着春天的到来，呼唤着万物的重生，它的美丽滋养着梦想。

识别蝴蝶并不算难，它们的翅膀就是最显眼的特征。蝴蝶有四个翅膀，特别的是，它们都被鳞片所覆盖。用来维持翅膀形状的结构鳞片是没有颜色的，含色素的鳞片则展示着各种色彩，并且可以形成各种具有装饰性的特征，使翅膀变得多姿多彩。仔细观察翅膀对于识别蝴蝶至关重要。

蝴蝶和飞蛾之间最大的区别是它们的触角。与飞蛾不同，蝴蝶的触角总是棒状的，末端有一个明显凸起。

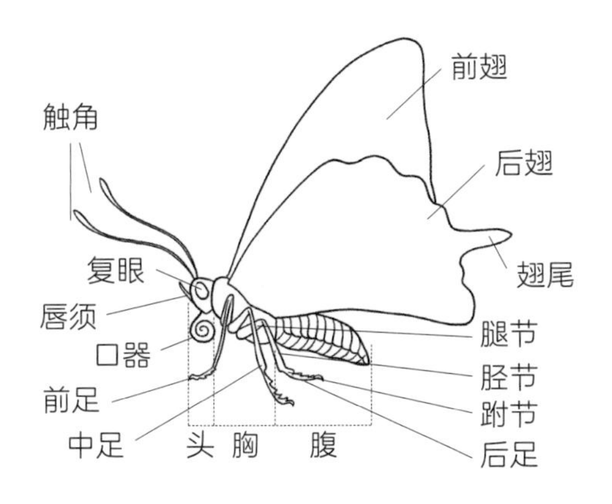

像所有的昆虫一样，蝴蝶一生中的大部分时间都是幼虫形态，即毛毛虫。不同蝴蝶的生长周期（卵、幼虫、蛹、成虫）的持续时间也不一样。尽管成虫仅仅是为了繁衍而生的，但有些种类的成虫能存活一年，甚至能进行大迁徙！

毛毛虫以吞食植物的叶子为生，并且通常依赖一种称为寄主的植物，成虫则在寄主上产卵。因此，这类植物成了它们偏爱的栖息地，我们可以通过定位寄主植物来找到相应的毛毛虫，从而观察蛹及其蜕变成蝴蝶的过程。

仔细观察开花植物

开花植物是植物界最大的群体，拥有超过250,000个物种，它们的多姿多彩照亮着大自然，其中可食用的种类丰富着我们的膳食，而有药用价值的部分则治愈着我们的身体。吹蒲公英、制作雏菊项链、闻玫瑰花香……鲜花让我们的生活更美好。

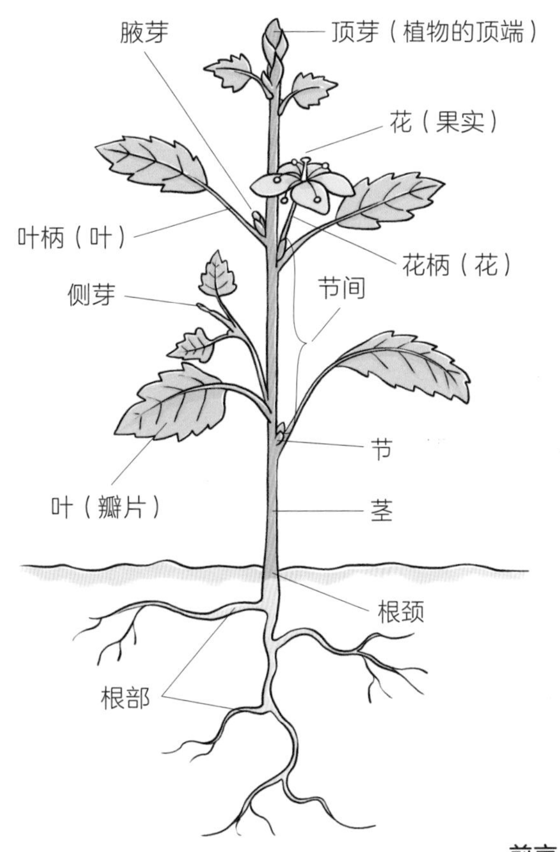

大多数花的花期为每年的四月到八月。为了更好地认识花，我们可以从了解花的各个组成部分开始。花的植株通过根固定在地下，同时吸收水和各种不可或缺的矿物盐；茎秆则支撑着植物暴露在空气中的器官（叶子和花），并起到强化汁液导管的作用，以确保汁液能运输到植物的各个部分。植物茎秆分草本和木本（树木）两种。大部分光合作用所必需的叶绿素细胞则集中分布在植物的叶子上。叶子的具体形态为确定植物的种类提供了很多识别指征。当然，作为植物的繁殖器官，花在这一方面更有发言权。

花可以是单生的，但更多是簇生成花序，如总状花序、穗状花序或者伞状花序。还有一些花是复生的：它们虽然看起来像单花，实际上可能是由一群花儿组成，比如雏菊。花朵的组成部分包括起保护作用的绿色的花萼，用来吸引授粉者的花瓣（通常颜色艳丽），还有包含花粉的雄蕊（雄性器官），最后是心皮（一般只能观察到花柱），这是一种用来保护雌性器官的包裹状结构。

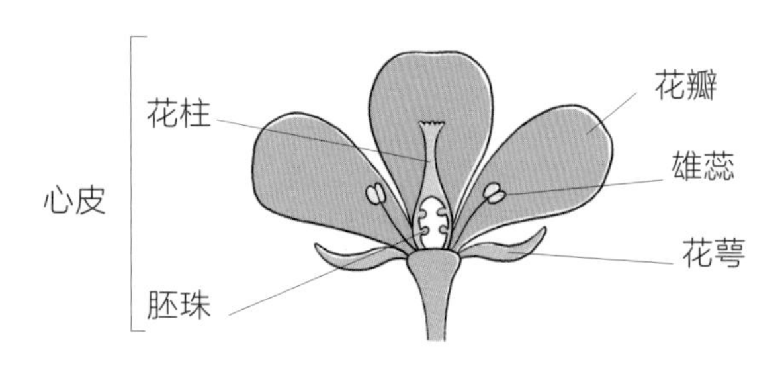

授粉昆虫和风会把花粉传播到花柱上，随后花粉进入心皮，抵达胚珠，从而形成种子。之后，花逐渐演变成包含着种子的果实。果实的抗性强，能保护胚胎免受气候变化的影响，使种子能有效地传播。种子可以通过风和动物传播，后者通常以果实为食，并通过排泄的方式来散播种子。

仔细观察树木

树木的果实、树叶和汁液都能为人所利用，枝干也能作为可燃物，并且可以用来制作精致的木器，还可以用于建筑。树木可以调节寒冷和炎热的气候，并形成森林，让我们的星球能够呼吸。穿越时光，树木向我们讲述了它们的种植者，也就是我们的祖先的故事。认识一棵树，同样也是认识所有跟它共生的植物和动物，以及所有接受它的枝杈或者根系庇护的物种。一棵树就是一个生态系统。

在条件允许的情况下，木本植物能够长到7m以上的高度。本书中介绍的树都属于我们生活中常见的，同时也是最具代表性的树种。

我们可以通过观察树的果实或者树皮来确定它的种类，不过，最简单的方法还是观察树叶的形态。

为更好地理解正文的内容，让我们回顾几个有用的术语。裂叶，其轮廓由不同朝向的波纹状边缘或者突触构成。另外，因为被分成几片独立的小叶，有的复叶可能会被误认为是单叶：这时，总是隐藏在叶子基部的叶芽可以帮助你做出判断。连接叶子和树枝的小茎学名是叶柄，叶脉则是与叶柄相连的线，其作用是帮助汁液在叶片中循环。花柄是果实或花朵和树枝的连接部分。最后，葇荑花序指的是一种没有花瓣的小花，通常呈柔软下垂状。

仔细观察鸟儿

欢快的歌声、漫长的迁徙、惊险的滑翔、美丽的蛋和羽毛，鸟类让我们惊叹不已！在我们周围的任何地方，不管是在花园、公园还是阁楼，抑或是在高大的树木或者低矮的树篱，它们总能为我们的生活带来色彩和音乐。很难想象一个没有鸟类的世界会怎样，而能够认识它们是一件多么快乐的事……

本书将通过大量的插图和文字来介绍鸟儿的总体外观、栖息地和习性等，乃至与它们相关的小故事，以便帮助你更好地识别鸟类。插图将展示每种鸟在其最易识别的阶段的典型外貌特征，通常都包括其繁殖期的羽毛形态。如果雌鸟和雄鸟的形态不一样，书中会将两者都展示出来。

鸟类的识别不能一蹴而就，最好循序渐进。首先，我们可以去公园或者大型花园里开始观察，因为这些地方的鸟儿通常不那么容易受惊。另外，春天和初夏特别适合观鸟，因为这时的鸟类更显眼（它们会有五颜六色的繁殖羽，同时也会忙于筑巢和照顾幼鸟），且更加喧闹（求偶的鸣唱和仪式）。此外，临近正午时也是一个好时机，因为猛禽会等待此时即将形成的温暖上升气流，以便起飞。

鸟类辨识的几个阶段：首先是熟悉它们的羽毛，然后是学会区分雄性和雌性，再到能够在没看到它们的情况下听出它们的鸣唱，最后到能通过它们飞行中的轮廓来确定其种类。

有的鸟儿会被喂鸟器或者人工鸟巢吸引，安装这些装置可以让我们更近距离地观察它们。但是，需要根据你想吸引的鸟儿的种类来调整鸟巢的大小，以及喂食器中放置的食物，并按照本书上的具体说明来喂养。

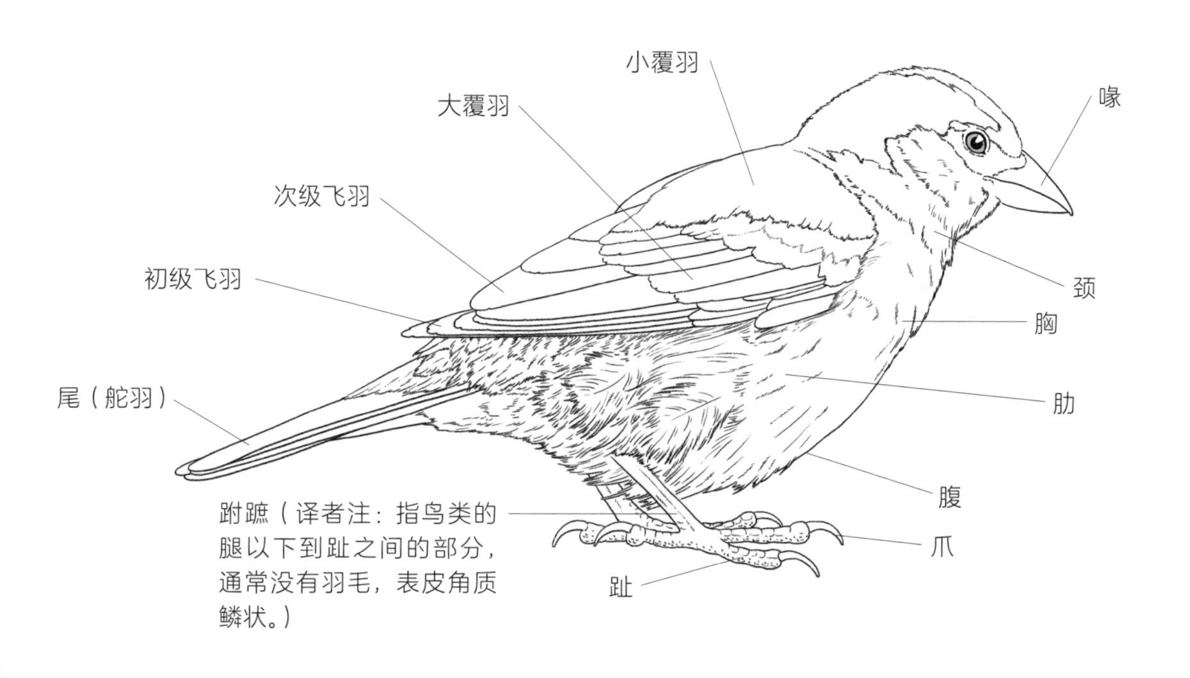

如果你想再近一点，可以给自己配备一副双筒望远镜。

仔细观察云朵

没有什么比观察云朵更容易又更有趣的了。云朵的形状多种多样，令人惊异，你可以尝试收集并享受其中的乐趣，还可以选择认识并了解它们，因为它们是预测短期天气状况的绝佳工具。

云是悬浮在大气中的小水滴的集合体，在寒冷地区则由冰晶构成。为了识别云朵的种类，我们首先需要确定它们所处的海拔高度，这将决定其所属的族，即高云族、中云族和低云族。例外地，像积雨云这样的云被认为是垂直的，因为它们通常自低向高分布。

接着，根据它们的一般形状，云被分为十个属（如图）。每一属之下根据形状、大小和内部结构的不同，又分为不同的类。最后，不同元素的排列情况或者相对于太阳和月亮的透明度不同又决定了同一类中不同的变种。此外，云的家族里还包括附属云和特殊云。本书将按照海拔高度的顺序，展示一些常见的典型的云，以及一些通常与积雨云相关的附属云，还有一些特殊云。

云的十个属以及下级的类和可能的变种都有专门的拉丁语学名。附属云和特殊云则会被单独命名。

云和阳光的各种组合会使天空中突然出现多种几何形状和不同的颜色：你将在第五章末尾了解到这些神奇的光学现象。

仔细观察夜空

在晴朗的夜空，就像在剧院里一样，一拉开蓝天的帷幕，就现出繁星点点的穹顶。是时候了解我们的宇宙了。所有的生物，不管是植物、动物，还是人类，都是地球的居民，也是这个被称作银河系的星系的居民，都存在于这个可能是无限的宇宙里。对天空的观察将我们与星星联系起来，它们的存在是宇宙伟大历史的一部分，这也是我们的历史。正是在这一段历史中，如今构成我们的原子形成于星星的内核中，也就是说，我们是由星尘构成的。

你已经拥有了观察宇宙所需的最简单的仪器：肉眼。像任何仪器一样，肉眼也需要好好调试才能适应夜晚的环境，一般需要15到20分钟才能适应黑暗。除了红灯之外，最微小的光源都会引发目眩并破坏眼睛的夜视能力。在黑暗中待上40分钟之后，眼睛的夜视能力将调整到最佳状态。

为了更好地观察夜空，你需要选择一个开阔的地方安顿下来，尽可能地远离各种人工光源。然后你可以躺在地上或者躺椅上，仰望天穹。最好朝南看，因为那里的天体最多。在城市里能看到的星星要少一些，但当你尽可能地背对光源时，你还是能看到最亮的一些星星。

每一个星座以及构成它们的可视星都有特定的位置。我们可以事先查阅星空图以更好地识别它们。你甚至可以配备一张“寻星者”星图，它会根据一天中的时间和所处的季节显示夜空的可见部分。最后，如果要寻找行星，则必须查阅星历。

图例：

1：水蛇座
2：巨爵座
3：乌鸦座
4：室女座
5：天秤座
6：天蝎座
7：巨蛇座（首）
8：牧夫座
9：北冕座
10：猎犬座
11：后发座
12：小狮座
13：狮子座
14：巨蟹座
15：船尾座
16：大犬座
17：麒麟座
18：小犬座
19：双子座
20：天猫座
21：大熊座
22：小熊座
23：天龙座
24：武仙座
25：天琴座
26：蛇夫座
27：巨蛇座
28：盾牌座
29：人马座
30：天鹰座
31：天箭座
32：天鹅座
33：仙王座
34：仙后座
35：鹿豹座
36：英仙座
37：金牛座
38：猎户座
39：天兔座
40：波江座
41：三角座
42：白羊座
43：双鱼座
44：飞马座
45：海豚座
46：摩羯座
47：宝瓶座
48：南鱼座
49：鲸鱼座
50：仙女座

现在，是时候去发现昆虫、蝴蝶、开花植物、树木、鸟类、云朵和星星了！祝你探索愉快！

第一章

草地

走在乡间小路的拐弯处，你突然看见一片点缀着各种鲜花的青草地。一块草地……一望无际的高高的草丛，正等待着你的探索。细草在微风中摇曳，在阳光的照耀下，花儿五彩斑斓。

你冲进高高的草丛中，寻找着居住在其中的未知生物，一切都让你感到新奇。成群的小昆虫忙碌地在植物根部游荡，有的顺着茎秆攀爬，其他有翅膀的则在花丛中飞舞。

是时候去认识它们了：这种长着长长的披针形叶子的植物叫什么？这只漂亮的黄色蝴蝶，还有那些铃铛形的小花，它们又是谁？

矢车菊

Centaurea segetum

菊科 50～80cm  花期（月）1|2|3|4|5|6|7|8|9|10|11|12

形态特征

一年生（偶有两年生），形态优美，其深蓝色的星形花朵点缀着美好的夏天。头状花序，中间的花呈管状，略带紫色，边花有流苏状锯齿。茎直立，上生线状披针形无柄叶，下生叶有柄，侧裂。它的花序跟矢车菊属内其他种类似，特别是草叶矢车菊（*Centaurea graminifolius*）或半下延叶矢车菊（*Cyanus semidecurrens*），但这两种主要分布在法国东部的山区。

栖息地

矢车菊广泛分布在欧洲，在东方亦有分布。它是一种典型的“田间地头”的植物，因为它喜欢生长在种植谷物的田野中。

实用知识

矢车菊具有抗炎、抗过敏和收敛作用（可收缩组织）。众所周知，矢车菊茶可以通过外用来缓解眼部疾病（如结膜炎、过敏和眼睛疲劳等）。当然，你也可以在商店中购买矢车菊花制剂（或花露）直接使用。

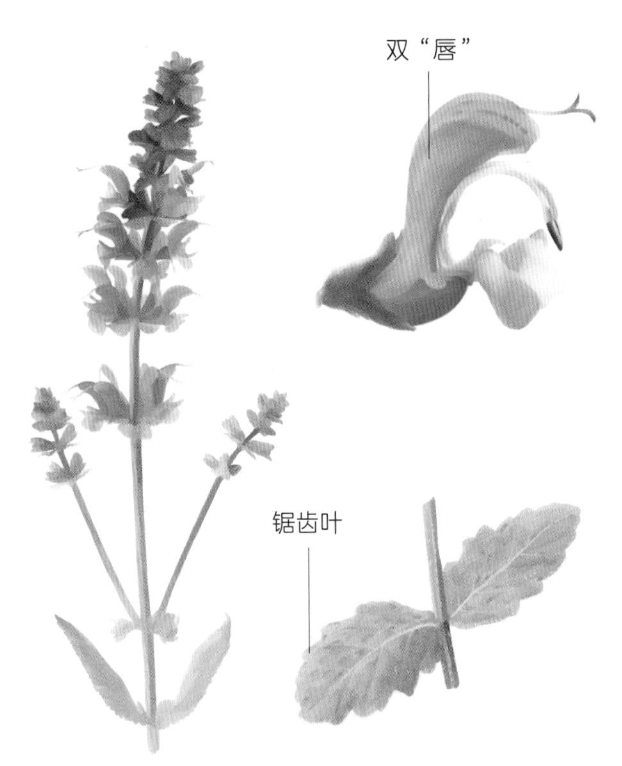

草甸鼠尾草

Salvia pratensis

唇形科 35～80cm  花期（月）1|2|3|4|5|6|7|8|9|10|11|12

形态特征

高大，被毛，具有独特的气味。基生莲座状叶丛（译者注：莲座状叶丛在植物学是指一种叶片生长成环状的状态，一般常于地面或植物的基部上叠生）。上方叶对生，茎方形。长椭圆形叶，边缘对称呈锯齿状。穗状花序，深蓝色到紫色的花朵聚生在凌乱的花序中。花瓣呈双唇形，上唇呈钩状，一侧露出两枚能育雄蕊，同时花柱从花中探出。

栖息地

草甸鼠尾草是一种相当常见的植物。它喜光、热，并偏爱石灰质土，主要生长在干草地、斜坡或者小路上。

近亲

法国有11种野生鼠尾草属植物，包括已有栽培的药用鼠尾草。像许多芳香植物（如百里香、迷迭香、薰衣草、罗勒等）一样，它们是唇形科的一部分。

实用知识

虽然其功效不如药用鼠尾草，但是草甸鼠尾草凭借其助消化和缓解痉挛的特性而用于凉茶中。园艺中专门培育它作观赏植物。

广布野豌豆

别称野豌豆、山落豆秧

Vicia cracca

豆科　100～200cm　V

花期（月）
1 | 2 | 3 | 4 | 5 | 6 | 7 | 8 | 9 | 10 | 11 | 12

形态特征

广布野豌豆是一种攀缘植物，其叶轴尖端存在卷须。叶子由8到12对小叶组成，互生。总状花序，花朵颜色从蓝色到紫红色不等，15到20朵交替排列，且均在具沟槽的茎的同一侧。每朵小花有5片花瓣：上面的一片最大（旗瓣）、侧面两片（翼瓣）和中间两片（龙骨瓣）。

栖息地

常见于田间、路旁、林边、斜坡和荒地等。

近亲

大概有40种野豌豆。根据其花朵的典型形态特征，它们同豌豆、蚕豆、菜豆、三叶草，以及百脉根等一同被归入豆科。

实用知识

田野间的广布野豌豆因其攀缘的特性而可能对作物有害。但像很多豆科植物一样，它是很好的蜜源植物，且能为土壤固氮。一些品种也被作为饲料或绿肥。

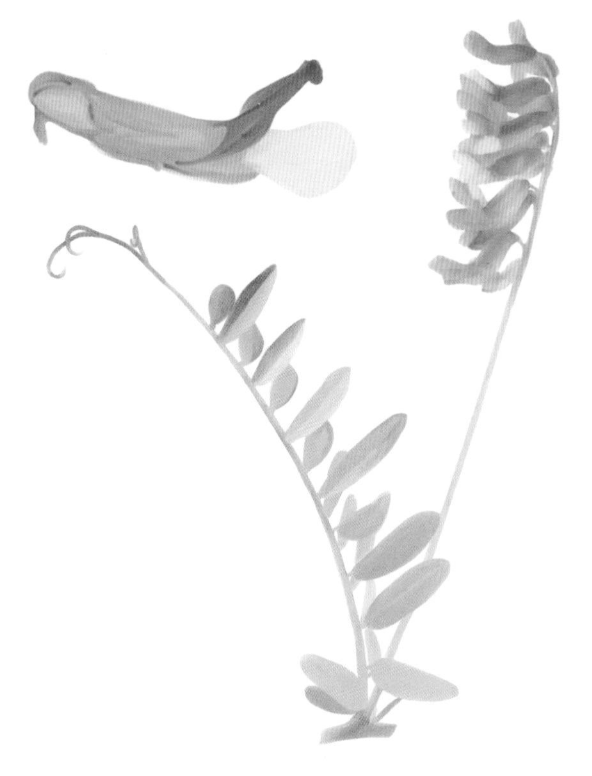

蓝蓟

Echium vulgare

紫草科　30～80cm　B

花期（月）
1 | 2 | 3 | 4 | 5 | 6 | 7 | 8 | 9 | 10 | 11 | 12

形态特征

植株相当高大，毛硬而多刺。茎直立，有紫色斑点。基生莲座状叶丛，叶呈线状披针形，叶片上部比下部更窄。多个聚伞花序卷绕成权杖状。随着花龄的增长，颜色从粉红色演变为蓝色。花萼五裂，5片花瓣相邻形似裂开，包裹着5枚突出的紫色雄蕊。

栖息地

耐干喜阳，常见于荒地、废墟、田野及道旁。

实用知识

蓝蓟是一种蜜源植物，可以吸引蜜蜂、熊蜂和蝴蝶，常有栽培，供观赏。新开的花朵是粉红色的，盛开时转为蓝色，这种颜色变化是由于花瓣中所含的色素分子（花青素）对土壤pH值变化（粉红色=酸性，蓝色=碱性）的敏感而导致的。

起绒草

别称鸟酒馆、野针织

Dipsacus fullonum

70～150cm

川续断科 

花期（月）

1	2	3	4	5	6	7	8	9	10	11	12

形态特征

这是一种带刺（茎和花）的植物。茎生叶对生，有波状锯齿，合生成杯状。淡紫色小花聚生于带刺的大卵球形花序中。花序基部生披针形叶，带刺。球形花序在整个冬天都保持干燥可见，因而很容易辨认。

栖息地

起绒草很常见。喜阳，多见于放牧过的草地、荒地、路旁、沟谷和废墟中。

近亲

其近亲针织蓟，以前曾被用于梳理绒毛，即梳理羊毛纤维，因此得名“起绒”。

实用知识

某些品种的起绒草也有栽培，供观赏。

丝路蓟

别称田蓟

Cirsium arvense

30～80cm

菊科 

花期（月）

1	2	3	4	5	6	7	8	9	10	11	12

形态特征

植株上部分枝众多。叶子边缘有刺齿。花从紫色到白色不等，看似单生，实则是一组小花簇生而成。

栖息地

丝路蓟十分常见，甚至可以说相当具有侵略性。它生长在阳光充足的地方，耐干，常见于田野、空地和路边。

近亲

蓟属和矢车菊属一样，属于菊科（复花），其近亲还有矢车菊、菊苣、蒲公英、蓍草、雏菊、滨菊、艾菊和泽兰等。

请勿混淆

大概有40种像蓟一样有刺的菊科植物，如同样很常见但是更大的翼蓟。初学者也可能将其与有锯齿状“花瓣”且叶子没有刺的棕鳞矢车菊混淆。

锦葵

Malva sylvestris

10～120cm

锦葵科 

花期（月）

1	2	3	4	5	6	7	8	9	10	11	12

形态特征

锦葵是一种美丽的多年生植物，叶圆心形，边缘有5处裂开的圆锯齿，通过长叶柄与茎相连。花大，紫色，由5片花瓣组成，每片花瓣上都装饰着3条深色条纹。果实小，呈圆形，绿色。锦葵种类很多，均可食用。

栖息地

广泛分布于欧亚大陆和北非，常见于花园、田野、路旁和废墟中。

特性

锦葵富含蛋白质、矿物质、维生素和黏质，如果摄入过多可引起腹泻。

食用价值

锦葵花极具装饰性，可以添加到沙拉、菜肴或甜点中。叶性温和，作为蔬菜可生吃或熟吃。它的黏质可以增添一种黏稠的口感，让汤变稠的同时制作出极好的蔬菜火锅，在北非很受欢迎。

牛防风

Heracleum sphondylium

50～150cm

伞形科 

花期（月）

1	2	3	4	5	6	7	8	9	10	11	12

形态特征

牛防风是一种高大且多毛的多年生植物，宽阔的复叶由5到7片小叶组成，簇生于植株基部。茎直立，结实且有凹槽。花朵为白色，排列成伞状花序，外围的花瓣更长，呈伞辐状。果实圆形，背部扁平，有芳香。易与大豕草（*Heracleum mantegazzianum*）混淆，后者植株更为巨大，可达4～5m，会分泌刺激性汁液。

栖息地

喜阴凉、湿润的环境，常见于欧洲各地的草地、路边和湿地。

实用知识

富含维生素C、蛋白质和矿物质。属芳香植物，全株香气四溢。嫩叶可拌入沙拉，极美味。叶子长大后可以洒在烤面包上，也可和馅饼、汤一起烹制。叶片散发出令人难以置信的椰子味，让菜肴充满异国风味。果实可用于调味，味道与姜相似。

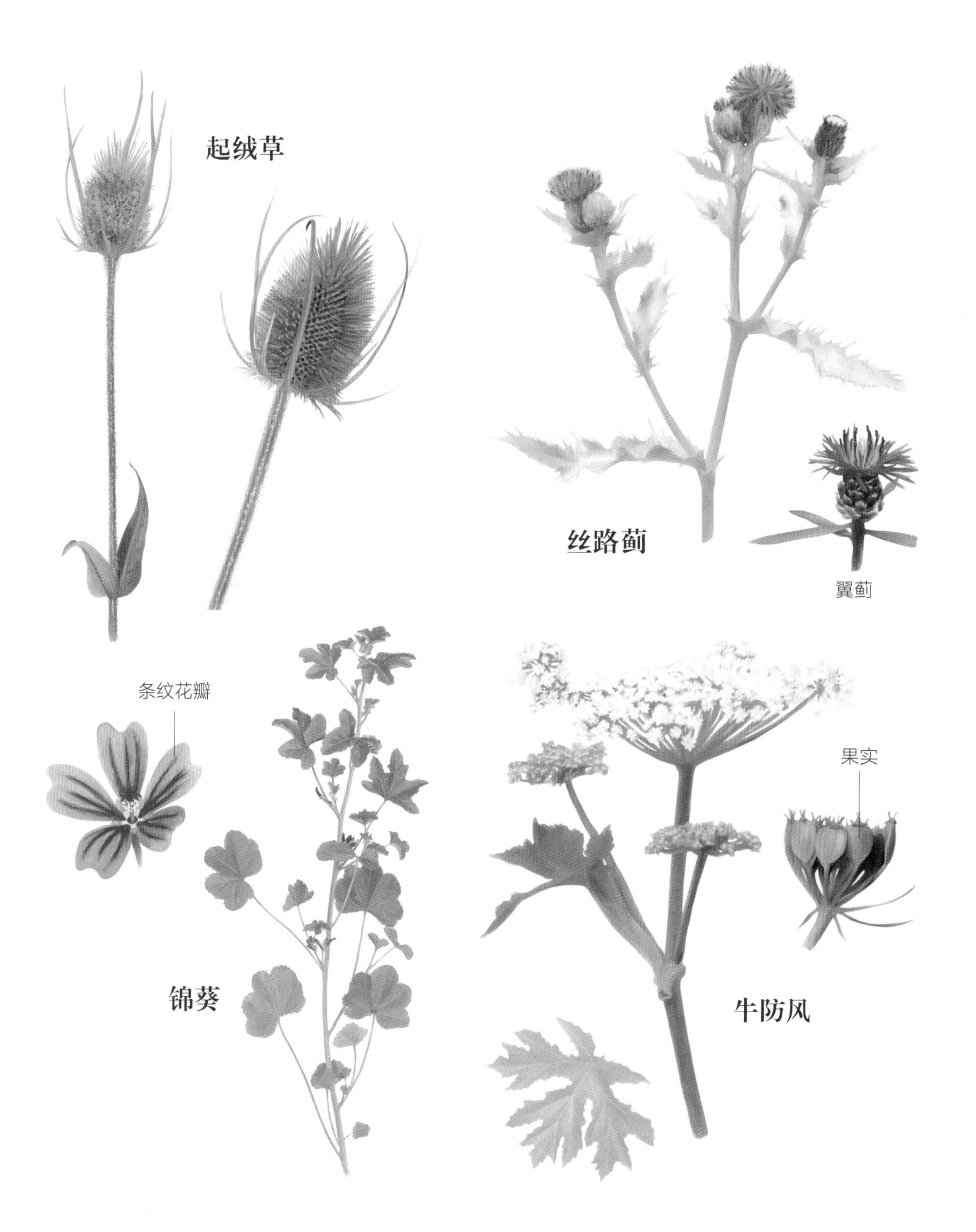
起绒草
丝路蓟
翼蓟
条纹花瓣
锦葵
果实
牛防风

滨菊

Leucanthemum vulgare

20～80cm

菊科  

花期（月）：1 | 2 | 3 | 4 | **5** | **6** | **7** | **8** | 9 | 10 | 11 | 12

形态特征

丛生，茎直立，形状多变。叶边缘有齿或分裂。“花”很大，有白色的“花瓣”和黄色的花心。它实际上是一组簇生的小花（复花），外围的呈白色，形似花瓣，中间的为黄色，很小，呈管状。滨菊的“花”其实是花束！

栖息地

喜阳，常见于草地、树林、斜坡和路旁。

近亲

有超过20种野生滨菊，请不要与较小的雏菊混淆。滨菊和雏菊都是菊科植物（复花），其近亲包括：洋甘菊、蓍草、艾菊、金盏花、山金车、紫菀和泽兰。

实用知识

滨菊花可生吃，也可泡茶，有解痉、镇静和助消化的功效。

雏菊

Bellis perennis

5～15cm

菊科 

花期（月）：1 | 2 | **3** | **4** | **5** | **6** | **7** | **8** | **9** | **10** | **11** | 12

形态特征

多簇生，植株形态多变。基生莲座状叶丛，叶缘有疏钝齿。茎被毛，顶端有“单花”，由白色的“花瓣”和黄色的花心组成。它实际上是一组簇生的小花（复花），外围的呈白色，看起来像花瓣，中间是黄色的管状小花。

栖息地

非常常见，多分布于草地、草甸、疏林和城市草坪上。

请勿混淆

易与洋甘菊混淆。后者香气喷鼻，叶缘呈细齿状，叶片细长，散布在茎秆上。滨菊的植株则更高大。法国总共有4种雏菊、30种洋甘菊和20种滨菊！它们都属于菊科。

实用知识

它几乎全年开花，尤以复活节（Pâques）前后为盛，因此得名（译者注：雏菊法文名为Pâquerette，意为小复活节）。雏菊花可生吃，也可泡茶，具有多种药用功效。

蓍草

别称千叶蓍

Achillea millefolium

20～70cm

菊科 

花期（月）：1 | 2 | 3 | 4 | 5 | **6** | **7** | **8** | **9** | 10 | 11 | 12

形态特征

叶片交替生长，数量众多，因而得名千叶蓍。茎和叶子一样，被白毛。“花”众多，多为白色甚至粉红色。实际上是一组簇生的小花（复花），只是其中一些看起来像是“花瓣”。

请勿混淆

蓍草是一种菊科植物（复花），请不要与胡萝卜（及其近亲）混淆，后者是由单花（非复花）构成的伞形花序。

栖息地

很常见，喜阳耐干，多分布于荒地、草坪、道路或者铁路边缘。

实用知识

蓍草是一种药用植物，有助于伤口愈合以及缓解痉挛。它在园艺中也很受欢迎，不仅可以作观赏植物，也可以为蜜蜂提供蜜源，甚至可以熬成杀真菌的汤剂。

野胡萝卜

Daucus carota

50～150cm

伞形科 

花期（月）：1 | 2 | 3 | 4 | **5** | **6** | **7** | **8** | **9** | **10** | 11 | 12

形态特征

这是一种闻起来像……胡萝卜的植物！基生叶簇生，由10到15片小叶组成，小裂片线形或披针形。复伞形花序，小花白色，聚生于花序中，结果时外围的伞辐会向内收缩。中心花通常为紫色。在伞形花序中，小花在同一平面上，从茎上的同一点呈辐射状发出。果实上长满了刺毛。

栖息地

非常常见，喜欢充足的阳光，一般生活在小径、悬崖、山坡、草地和田野上。

近亲

胡萝卜及其可食用的近亲们（芹菜、茴香、莳萝、香菜、欧芹、雪维菜等）都是伞形科植物。这类植物的伞形花序很容易辨认。

实用知识

我们食用的胡萝卜为其亚种（*sativus*），食用部分为其肉质根。

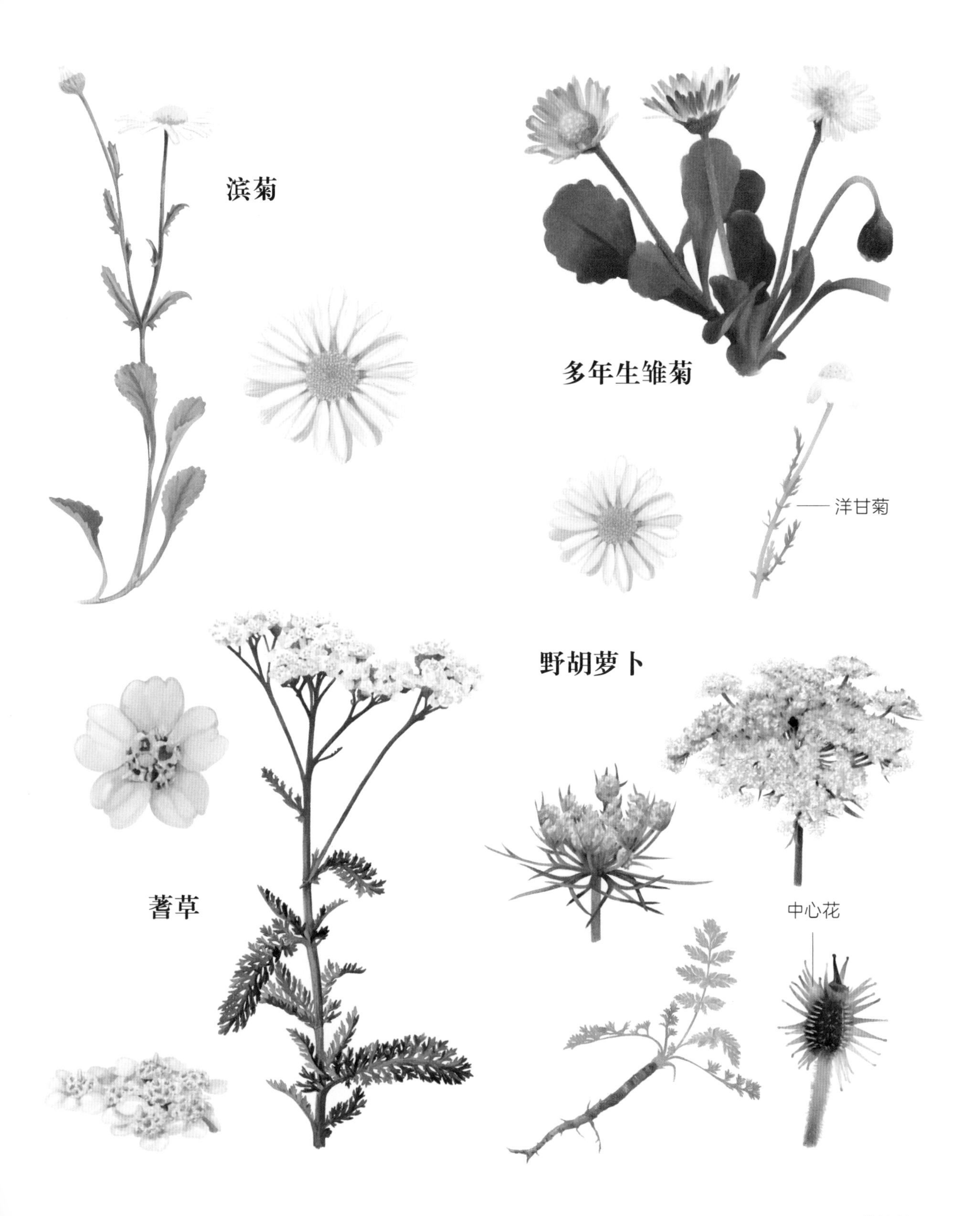
滨菊
多年生雏菊
洋甘菊
野胡萝卜
蓍草
中心花

藜

Chenopodium album

苋科　　20～120cm 

花期（月）

1	2	3	4	5	6	7	8	9	10	11	12

形态特征

茎直立，一年生，叶椭圆形，边缘具不整齐锯齿，下面覆盖着一层微白色粉末，植株顶端也有粉。这种粉末会在手指上留下有辨识性的粉状沉积物，手感独特，有助于识别。花簇生于枝上，形成白色的花束。易与藜属植物的其他种混淆，该属植物均可食用。

栖息地

世界各地均有分布，常见于田野和花园中，有时也出现在未开垦的荒地里。

实用知识

含有维生素A和维生素C，并富含蛋白质及铁和钙等矿物质。叶子整季都很嫩，可用于烤面包、煮汤和煎蛋卷，也可以作为一份野菜沙拉的主菜。味道比菠菜更好，但是像菠菜一样含有草酸盐，不宜过量食用。

牛膝菊

Galinsoga parviflora

菊科　　20～50cm 

花期（月）

1	2	3	4	5	6	7	8	9	10	11	12

形态特征

一年生草本，叶对生，椭圆形，顶端尖，边缘有齿。花呈短舌状，舌片白色，顶端三齿裂，共4到6朵，易于识别。与其近亲粗毛牛膝菊（*Galinsoga quadriradiata*）不同，此品种光滑无毛。两者皆可食用。

栖息地

来自南美的入侵物种，目前广泛分布于法国各地。它经常侵入花园，通常被视为杂草。

实用知识

牛膝菊富含矿物质（铁、钙、磷、镁），以及维生素A和维生素C。其细腻的味道让人不禁联想起菊芋。嫩叶可食，主要煮熟作为蔬菜，或者作为沙拉生吃。牛膝菊是制作哥伦比亚传统炖菜阿加克高汤（ajiaco）的重要原料。

荠菜

Capsella bursa-pastoris

十字花科　20～50cm　花期（月）1 2 3 4 **5 6 7 8 9 10** 11 12

形态特征

荠菜为一年生植物，基生莲座状叶丛，大头羽状分裂，与蒲公英叶子形态相似。短角果呈倒心状三角形，点缀在茎秆之上，易于识别。总状花序顶生，成簇排列，花白色。

栖息地

常见于温带气候地区的田野、花园和路旁。

实用知识

全株均富含维生素、蛋白质和各类矿物盐。花序可食用，莲座状的叶丛生吃或熟吃皆宜，是一道美味的蔬菜。荠菜的根在茎成型之前也可食用（出人意料地有萝卜的味道）。在日本，荠菜是传统佳肴七草羹（nanakusa-gayu）的主要原料之一，在每年1月7日的“七草节”食用。

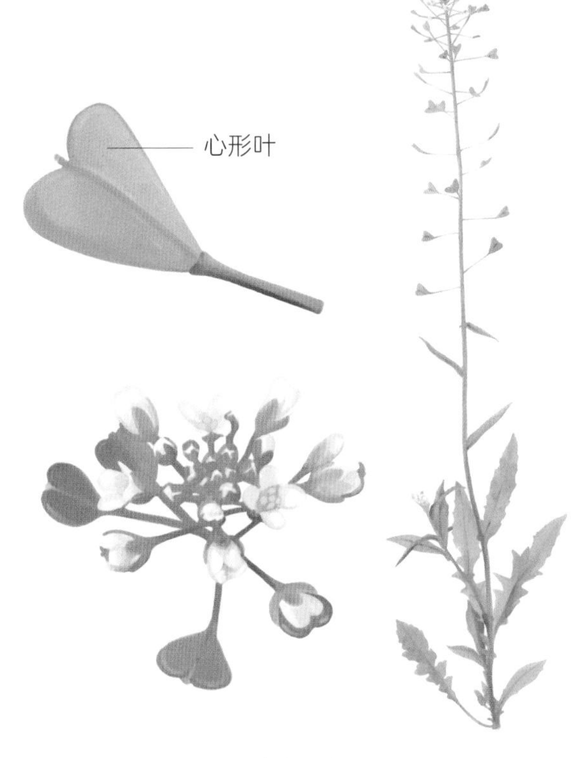

繁缕

Stellaria media

石竹科　10～50cm　花期（月）1 2 **3 4 5 6 7 8 9 10** 11 12

形态特征

一年生草本，小叶对生，边缘光滑，叶片宽卵形或卵形，顶端渐尖。茎贴地，长而散开。花朵白色，花瓣5枚，均双裂（有开口），看上去像10枚。花易识别，但叶子易与琉璃繁缕（*Anagallis arvensis*）或蓝花琉璃繁缕（*A. foemina*）的叶子混淆。区别是繁缕叶片被列毛，从每个节间的一侧到另一侧交替排列。

栖息地

生活在温带地区肥沃湿润的土地上，常见于花园、草地、树林、荒地和路边等。

实用知识

富含矿物质和维生素C。全株均可食用，做沙拉生吃为最佳，也可做汤、炒制或和鸡蛋一起煎制。

叉枝蝇子草
别称白花蝇子草
Silene latifolia

石竹科 50～100cm  花期（月）1|2|3|4|5|6|7|8|9|10|11|12

形态特征
植株被粗长毛，多分枝。叶对生，椭圆形，多毛，叶缘呈波浪状。茎上两叶对生，基部略膨大。花香，多为白色，偶有粉红色，夜开。花萼融合呈钟形，被毛，膨大。中间有5片花瓣，另有10枚雄蕊或5枚花柱。

栖息地
叉枝蝇子草是一种常见植物，喜阳耐干，多生长在易受人类影响的干地，如路边、田间、树篱和荒地。

请勿混淆
与石竹和繁缕一样，叉枝蝇子草是石竹科植物。易与白玉草，或者红花蝇子草混淆，前者只有3枚花柱且花萼膨大，后者昼开且花色鲜红。

长叶车前
别称窄叶车前
Plantago lanceolata

车前科 10～60cm  花期（月）1|2|3|4|5|6|7|8|9|10|11|12

形态特征
叶基生，呈莲座状，线状披针形，因而得名。叶片上有3至5条近乎平行的叶脉。茎生条纹，略被毛。茎上长有椭圆形穗状花序，花很小，雄蕊较长，呈白色，需近距离观察才能领略其魅力。

栖息地
十分常见，四处都能生长。喜阳，多见于草甸、草地、路边、田间和荒地。

请勿混淆
易与其他常见的车前科植物混淆，如宽叶车前或车前，前者茎更短且叶片更大、无毛，后者中等大小且仅有一条花序。

实用知识
车前科植物均可用来泡茶，可止咳，或作为外用的膏药，只需将几片新鲜的叶片在虫咬或者荨麻刺的伤口上摩擦，即可缓解疼痛。

马齿苋
Portulaca oleracea

马齿苋科 20～40cm  花期（月）1|2|3|4|5|6|7|8|9|10|11|12

形态特征
一年生，肉质，茎呈红色，伏地铺散。叶片小，呈椭圆倒卵形，基部对生，之后向上交替生长。花簇生，淡黄色，蒴果卵球形，种子黑褐色。特征明显，不易混淆。

栖息地
世界各地均有分布，多生长在田野、花园和未开垦的荒地。

实用知识
马齿苋富含各种维生素，以及铁元素和黏质。它还含有omega-3脂肪酸，这是我们细胞所必需的不饱和脂肪酸。整株植物均可食用，做成的沙拉鲜嫩多汁，在地中海地区广为人知，很受欢迎。也可作为蔬菜煮熟食用，或者与馅饼和煎蛋卷搭配。另外，马齿苋做成的浓汤因其丰富的黏质而具有浓稠的口感。

菊蒿
别名艾菊
Tanacetum vulgare

菊科 60～120cm  花期（月）1|2|3|4|5|6|7|8|9|10|11|12

形态特征
多年生植物，形态优美，芳香四溢，极易识别。叶片侧裂，全缘浅齿，特征鲜明。茎顶生头状花序排成复伞房花序，形似黄色纽扣，由细小的金黄色管状花排列而成。

栖息地
广泛分布在温带各个地区，常见于路边、荒地、废墟和斜坡。

实用知识
因其精油中富含侧柏酮，孕妇应避免使用菊蒿及其制品。切碎的叶片会散发浓郁的香气，与巧克力、慕斯、蛋糕或饼干搭配使用会产生神奇的风味。菊蒿在维多利亚时代的英国很流行，通常被用来制作煎蛋和可丽饼。它的花适合酿制利口酒，是查尔特勒酒（译者注：又称荨麻酒，是法国查尔特勒修会修士所酿制的一种甜酒，出现于18世纪40年代）的主要原料之一。

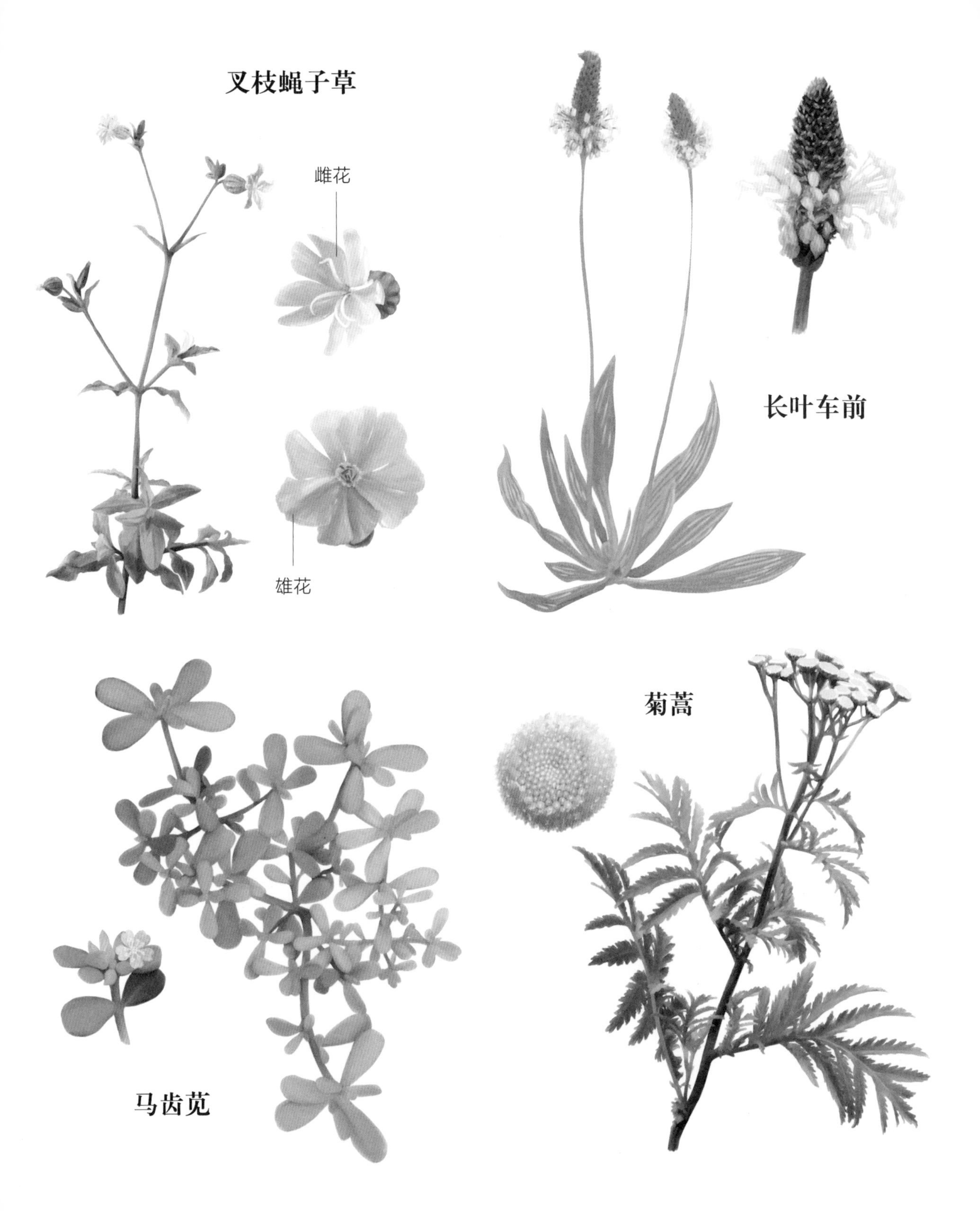
叉枝蝇子草
雌花
雄花
长叶车前
马齿苋
菊蒿

百脉根

Lotus corniculatus

10～40cm

豆科

花期（月）

1	2	3	4	**5**	**6**	**7**	**8**	**9**	10	11	12

形态特征

植株低矮，多倒伏。羽状复叶，一组3片，椭圆形。花朵为黄色或橙黄色，3到6朵一组，伞形花序，特征明显。上为旗瓣，侧方两片花瓣（翼瓣）相交，两片合生龙骨瓣藏于下方。果实为荚果，形如小角，故名“金角豆”。

栖息地

百脉根常见于草坪、林边和荒地，喜阳，多生长于石灰质土壤。

近亲

一共有20多种野生百脉根。根据其花朵的形态特征，它们都归属于豆科。其他的豆科植物还包括豌豆、蚕豆、菜豆、野豌豆和三叶草等。

实用知识

像其他的豆科植物一样，百脉根根部的共生细菌使其具备了给土壤固氮的功能，通常作为草料种植。

贯叶连翘

别称贯叶金丝桃

Hypericum perforatum

20～80cm

菊科

花期（月）

1	2	3	4	5	**6**	**7**	**8**	**9**	10	11	12

形态特征

茎直立，多分枝，茎及分枝两侧各有1纵线棱，叶对生，椭圆形。叶片逆光可见多处穿孔，故名“贯叶”，这是起分泌作用的腺点。大花，有5片黄色花瓣，边缘有黑色腺点，雄蕊3束，花柱3枚。

栖息地

金丝桃属植物四处可见，如路旁、斜坡、荒地、林边、空地或者砍伐后的森林中。喜阳，多生长在石灰质土壤。

实用知识

花可提炼精油，多有栽培。可药用，具有抗抑郁功效，也可用于治疗烧伤、瘀伤和疣。另外，它会引起光敏反应并加速其他很多药物的分解，因此最好避免自行用药。

药用蒲公英

别称蒲公英

Taraxacum officinale

50～100cm

菊科

花期（月）

1	2	3	4	5	6	**7**	**8**	**9**	10	11	12

形态特征

直根，植株形态多样。茎中空，切开时会流出白色的汁液。基生莲座状叶丛，叶片羽状深裂，具波状齿。黄花，看上去像单花，实际上是复花，每一片“花瓣”都是一朵花。果实呈羽毛状，组合成束，吹气即飘舞。

栖息地

十分常见，多生活在人类聚落周围，如草坪、草地、荒地和菜园。

近亲

蒲公英的种类较多，均属于菊科。识别起来相当困难，易与绿毛山柳菊混淆，后者也很常见，被毛，基生浅白色叶。此外，人们也容易把蒲公英同猫耳菊、苦苣菜、还阳参和山柳菊弄混！

实用知识

药用蒲公英全株均可食用，叶子可以做沙拉，花可以做糖浆，甚至酿酒。它有很多药用功效，其法语名字（译者注：法文名pissenlit意为在床上撒尿）即得名于它的利尿特性。

新疆白芥

Sinapis arvensis

30～80cm

十字花科

花期（月）

1	2	3	4	**5**	**6**	**7**	**8**	**9**	10	11	12

形态特征

一年生植物，叶互生，基部分裂为复叶，茎上无柄且有锯齿。总状花序，花朵交叉排列成十字，花瓣4片，亮黄色。种子褐色，小而光滑。可能与其他十字花科植物混淆，如黑芥（*Brassica nigra*），但是没有危害。

栖息地

广泛分布在欧亚大陆和非洲，通常盛开在耕地和路边。

实用知识

新疆白芥能助消化，且有促进兴奋和使皮肤发红（导致皮肤暂时充血）的功效。传统上用磨成粉状的种子作膏药，可有效缓解感冒和支气管炎。也可作为汤剂，用来治疗肝水肿（肝脏中液体的异常积聚）。过量使用会引起皮肤过敏或造成腹泻。在药房可购买到即用型药膏，药名为“芥末膏”（sinapism）。

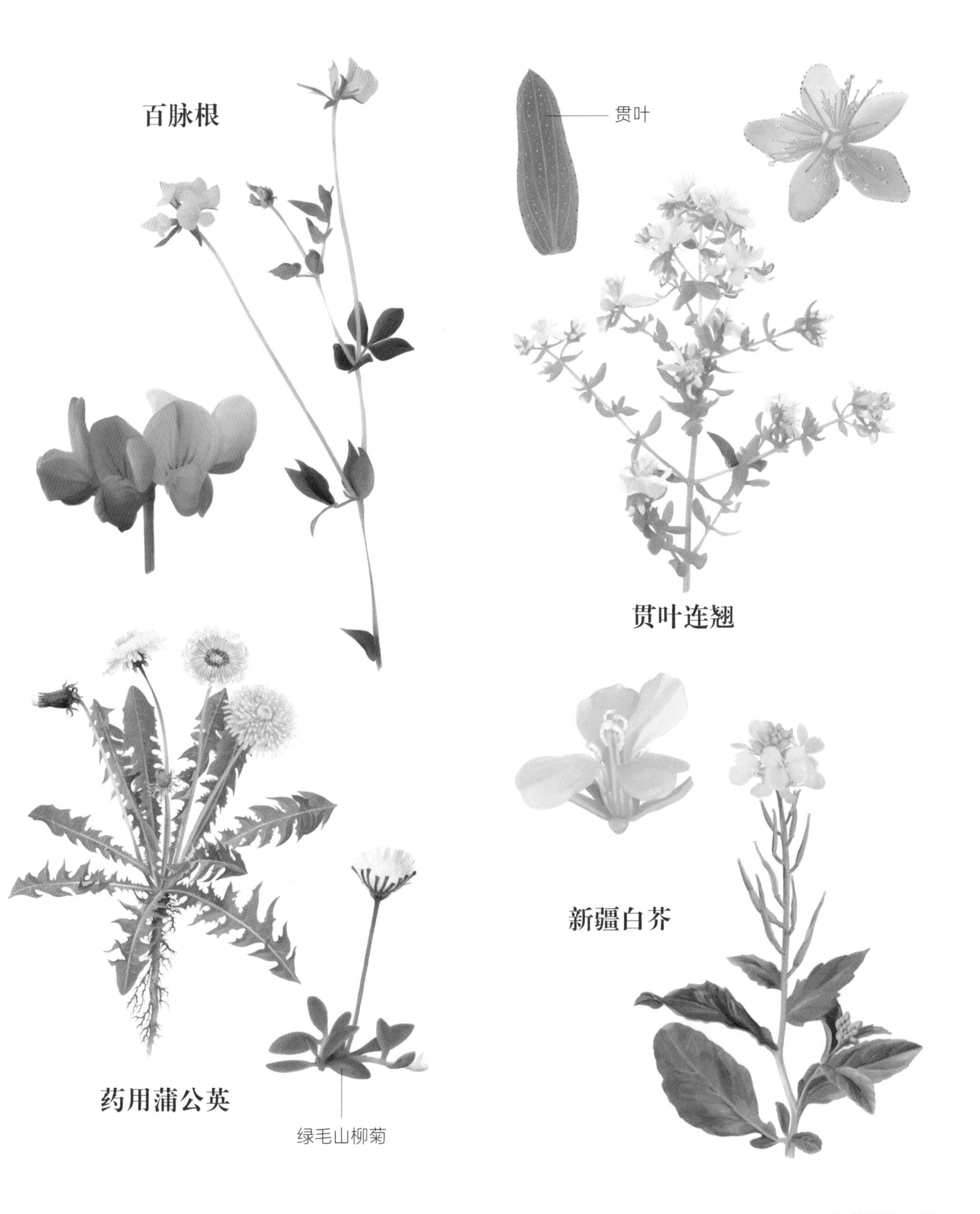
百脉根
贯叶
贯叶连翘
药用蒲公英
绿毛山柳菊
新疆白芥

欧洲山萝卜

别称森林寡妇花

Knautia arvensis

川续断科　20～80cm

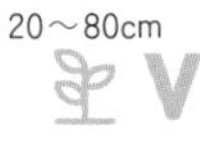

花期（月）

1	2	3	4	5	**6**	**7**	**8**	9	10	11	12

形态特征

植株呈灰绿色，被毛。基生莲座状叶丛，茎生叶对生。叶披针形，边缘大多呈裂叶状。茎生数朵花，分成两个侧枝（可能继续分枝）和一个主茎，分枝处有两片对生叶。花呈淡紫色，看上去像一朵“花”，实际上是一簇小花。

栖息地

欧洲山萝卜在干草地、荒地、斜坡和林边相当常见，喜光，耐干，常生长于石灰质土。

近亲

它是起绒草的近亲。尽管是复花，但是并未归入菊科，因为它只有4枚雄蕊。

实用知识

像起绒草一样，欧洲山萝卜具有蜜腺，是一种蜜源植物。也可种在花园供观赏。

红车轴草

别称三叶草、红三叶

Trifolium pratense

豆科　5～50cm

花期（月）

1	2	3	4	**5**	**6**	**7**	**8**	**9**	10	11	12

形态特征

茎直立，被毛。掌状三出复叶，多为绿色，叶面上常有V形白斑。球状花序，顶生，粉红色。花细长，每朵小花有5片花瓣：上方一片较大（旗瓣）、侧方2片（翼瓣），2片合生龙骨瓣居中。

栖息地

随处可见，如草地、田野、草坪或者路缘。

近亲

大约有60种三叶草，其中白三叶草是最常见的种类。三叶草跟豌豆、蚕豆、菜豆、野豌豆和百脉根等一样，属于豆科。

实用知识

像很多豆科植物一样，红车轴草有固氮作用。很多作为饲料种植的品种都来源于它。花可食用，常见于沙拉或甜点。

田旋花

别称小旋花

Convolvulus arvensis

旋花科 20～100cm 

花期（月）

1	2	3	4	5	6	7	8	9	10	11	12

形态特征

田旋花是一种纤细的攀缘植物，根状茎横走，茎平卧或缠绕于其他植物。叶卵状披针形，似长矛，基部大多戟形、箭形及心形。花呈漏斗状，白色或粉红色。花瓣5片，合生，边缘浅裂。雄蕊5枚，蓝色，花柱底端分支，有两个柱头。

栖息地

田旋花是一种常见的植物，喜欢生长在人类改造过的土壤中，如菜园、庄稼地、树篱和小径。通常被看作杂草，很难清除。

近亲

旋花（译者注：即常见的喇叭花，学名为*calystegia sepium*）也很常见，但其叶片更大，花瓣白色，喜欢生长在湿润的环境。

实用知识

牵牛花是田旋花的近亲，多生活在热带和亚热带，花形似旋花，多作为观赏植物。

虞美人

Papaver rhoeas

罂粟科 20～60cm 

花期（月）

1	2	3	4	5	6	7	8	9	10	11	12

形态特征

每年2月，虞美人会从基部生发出密集的莲座状叶丛，叶披针形，被毛。一年生，因其美丽的花朵而为我们所熟知。花瓣鲜红色，基部常具深紫色斑点。果实为长圆形球状蒴果，内有褐色种子。虞美人无害，但易与罂粟属（*Papaver*）的其他物种混淆［如刺圆头罂粟（*P. hybridum*）、长荚罂粟（*P. dubium*）、花椒罂粟（*P. argemone*）］。

栖息地

原产于亚洲，目前已广泛分布于欧洲温带地区，常见于花园和耕地。

实用知识

虞美人具有镇痛和减轻刺激的功效，尤其以作为止咳药而闻名。它也有轻微的镇静作用，有助于对抗失眠。将花瓣干燥之后制成花茶饮用或用作膏药，可以治疗眼睛发炎。也可以制成糖浆服用，可舒缓喉咙痛并止咳。与罂粟一样，虞美人也含有高剂量的有毒植物碱，因此，请根据专业人员的建议适量服用。

2
2
1
3
5
7
6
5

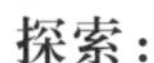

探索：

土壤生物

如果说洒落在地面上的枯枝落叶和其他的植物残骸看起来了无生气，请相信，自从地球上出现生命以来，地面上也同时形成了一个巨大的废物回收场。事实上，在我们的脚下，有数以千计的小生物正在挖掘、搅拌、进食并转化各种物质以创造土壤——这是一个覆盖在地球表面岩石之上的奇迹般的薄层，植物正从中吸收养分，从而生根发芽。

废物回收场

此时此刻，在地面上由植物残骸构成的枯枝落叶层，无数小生物正片刻不停地将各类物质分解成越来越细小的碎片，并在工作过程中产生大量细小的排泄物，然后撒在它们经过的路上。我们可以观察到蜈蚣、跳虫（1）、蜗牛（2）或鼠妇（3）。接着，在土壤中，在起回收作用的植物根部，或者在动物肠道中，细菌接过已经部分完成的工作，开始对这些材料进行更深度的处理，以便它们能被植物所吸收。除了这些能够分解植物残骸的生物以外，土壤中还存在着以尸体为食的嗜尸性动物，以及能够降解粪便的食粪动物，其中就包括苍蝇、甲虫和蜣螂（4）。木食性生物则负责木材的分解，如真菌和某些昆虫幼虫（5），它们会在木质残骸中挖掘通道，然后产生木屑。从某种意义上来说，所有这些起分解作用的生物在工作中产生的排泄物或者废弃物所堆积而成的就是肥沃的土壤。因此，土壤是回收过程的最终产物。

土壤的搅动

起分解作用的生物的干预并不是土壤肥力产生的唯一原因。其他动物会挖掘许多通道和洞穴，如鼹鼠（5）、田鼠（6）、蚯蚓（7）和各种幼虫，使土壤透气，并让土壤的不同成分得以混合，同时也有利于水的渗透，为植物的细小根系提供生长空间。

实用知识

真菌在土壤中布置了规模庞大的菌丝网络。它们与植物的根部相连，通过为植物提供水和矿物质换取自身所需的糖分。植物也借此实现互相之间的信息交换。这一网络首尾相连，1m^2土壤下的菌丝可达10000km长！

必不可少的土壤生物

土壤生物对我们的星球是必不可少的：它们的活动为陆地植物的生长提供了土壤和养分，后者又反过来喂养着食草动物，以及食肉动物。

不幸的是，土壤非常脆弱。历经数十万年才最终形成的土壤，可能在几秒钟之内就被摧毁，这可能是因为工业废弃物和杀虫剂污染，也可能是被混凝土伤害，又或者是被拖拉机压实，导致空气和水在土壤中的循环受到阻碍。保护土壤，人人有责。

几个数据

在一块足球场大小的区域内存在的土壤生物，可以在一年内分解、回收25吨各类物质；在10克未被污染的土壤中，细菌的数量和地球上的人一样多，而1m^2的土壤里，我们可以数出多达1000条蚯蚓！

金花金龟

Cetonia aurata

鞘翅目

15～30mm
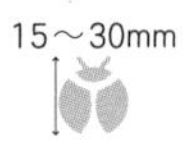

成虫期（月）
1 | 2 | 3 | 4 | 5 | 6 | 7 | 8 | 9 | 10 | 11 | 12

形态特征

花金龟亚科是鞘翅目内一类昆虫的合称，它们的颜色多种多样（有灰色、蓝色等）。金花金龟的外观独特，其绿色鞘翅泛着金属光泽，且点缀着变化不定的白色条纹，易于识别。

栖息地

金花金龟常出没于田野、花园、开花的草地和其他各类环境中，是一种十分常见的物种。

生活习性

天气晴朗的时候，总能见到很多的金花金龟。它们以花粉为食，时常出没于路边、草地，特别是野胡萝卜或其他伞形科植物的白色伞形花序上。它们似乎很喜欢生长在森林边缘的犬蔷薇、山楂和接骨木的花儿。幼虫则喜欢以腐烂的有机物为食，并能轻易地在花园的堆肥中找到藏身之所。尽管它们的外表不招人喜欢，但是它们对植物根部并没有危害。

薄翅螳螂

Mantis religiosa

螳螂目

雄虫50mm
雌虫75mm

成虫期（月）
1 | 2 | 3 | 4 | 5 | 6 | 7 | 8 | 9 | 10 | 11 | 12

形态特征

薄翅螳螂一般为绿色，偶有棕色。它有着锋利的前腿，一般被描述为“凶残的”，和它的整体外观一样特征鲜明，不会让人认错。雌虫比雄虫更大、更强壮。

栖息地

它经常出没在草本植物茂盛的地方，喜阳。

生活习性

尽管看上去很危险，螳螂对我们来说却是一种无害的生物，但对苍蝇、蜘蛛和其他无脊椎动物来说就不是这样了。9月至10月是交配季，每当雄、雌螳螂完成交配后，雌虫会完整地吃掉雄虫。之后雌虫会产下螵蛸，里面包含着200到300枚卵，在来年孵化出新的一代。

实用知识

薄翅螳螂前足的姿态容易让人联想到祈祷，这也为它赢得了“修女”的绰号，在普罗旺斯，人们喜欢称呼它为“上帝祈祷者”（法文：prie-Dieu）。

七星瓢虫

Coccinella septempunctata

鞘翅目

5～10mm
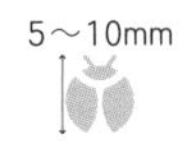

成虫期（月）
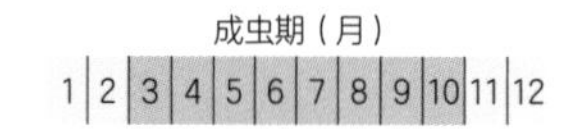
1 | 2 | 3 | 4 | 5 | 6 | 7 | 8 | 9 | 10 | 11 | 12

形态特征

腹部隆起，鞘翅呈橙红色，每个鞘翅上有3个黑点。第7个黑点在胸部后面两片鞘翅之间的连接处。

栖息地

七星瓢虫随处可见，如市区、花园、开花的草地、灌木丛等。

生活习性

谁不认识这种俗称“上帝使者”（译者注：法文为bête à bon Dieu。相传在10世纪的巴黎，有一个人因杀人而被判处死刑。在刀斧手行刑时，有一只瓢虫一直停在其后颈部，国王见到以为神迹，便赦免了囚犯，几天后发现真正的凶手果然另有其人）的小昆虫呢？在法国可以找到126种瓢虫，其中七星瓢虫是最常见的，也是最大的。像它的大多数近亲一样，七星瓢虫是一种捕食者，在其整个生命周期中均以其他昆虫为食。它通常将黄色的卵产在植物的叶子上，有时也直接产在蚜虫群中，这是其贪婪的幼虫最喜欢吃的食物。

实用知识

记得把枯枝落叶和其他的植物残骸留在花园里，这会成为七星瓢虫在冬天的庇护所。

绿丛螽斯

Tettigonia viridissima

直翅目

28～42mm

成虫期（月）
1 | 2 | 3 | 4 | 5 | 6 | 7 | 8 | 9 | 10 | 11 | 12

形态特征

绿丛螽斯的整个身体都是绿色的。一条棕色的线从头部一直延伸到其长长的翅膀的尖端，像它的触角一样，远超其腹部的长度。雌虫较大，有一个很长的产卵器官：产卵管。

栖息地

绿丛螽斯可以在荒地、花园、森林边缘或市区等处看到。

生活习性

这种常见的昆虫对栖息地的要求很低，几乎可以在任何类型的环境中找到。但是由于农药的使用和人类对花园及耕地的密集养护，绿丛螽斯的数量有所减少。作为一种优秀的掠食动物，它能够很轻松地吞食任何从它面前经过的昆虫。它也不会放过毛毛虫和其他幼虫，尤其是马铃薯甲虫的幼虫！绿丛螽斯会直接将卵产在地里，来年春天幼虫出生，初夏即发育成成虫。

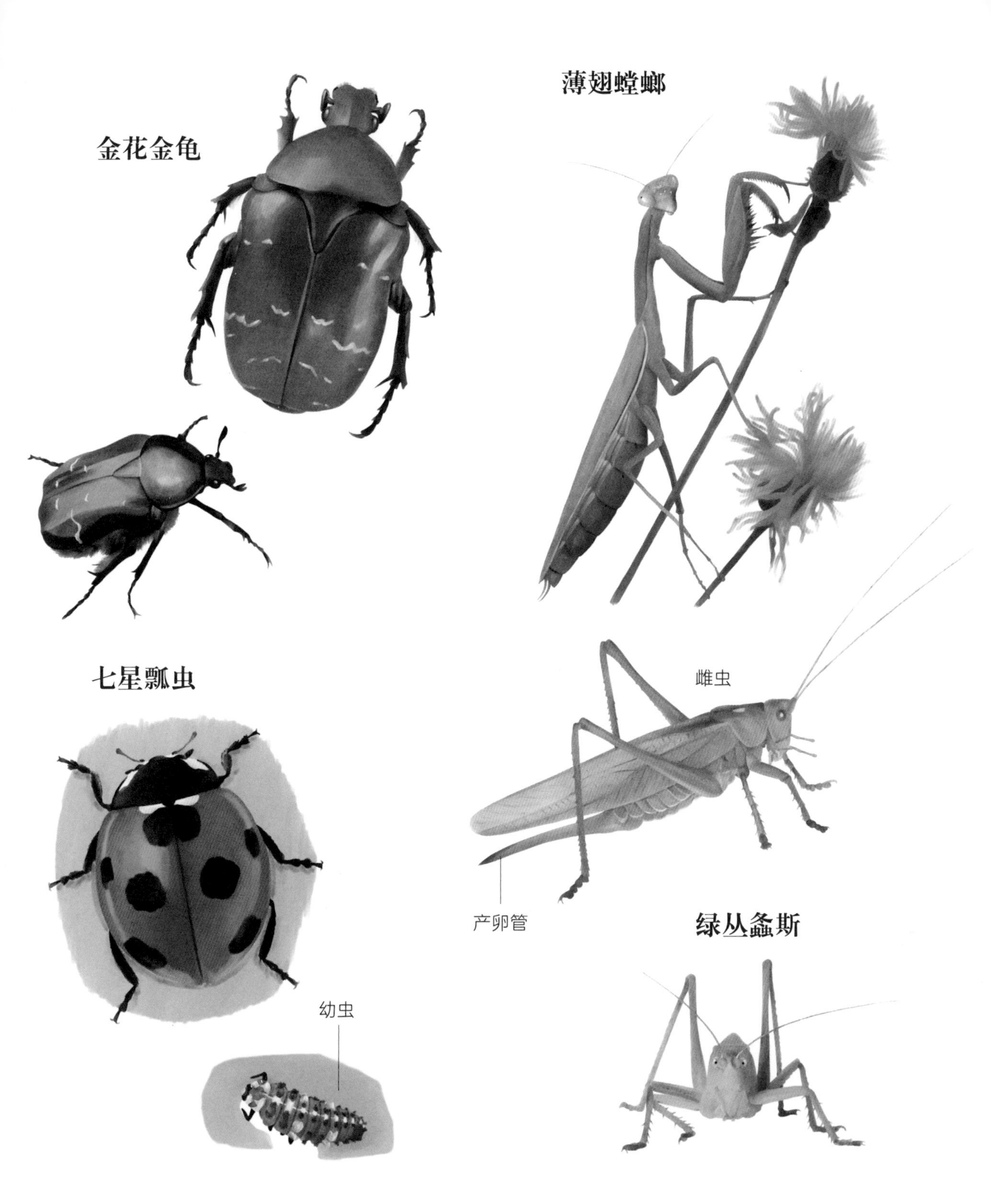
金花金龟
薄翅螳螂
七星瓢虫
雌虫
产卵管
绿丛螽斯
幼虫

细扁食蚜蝇

Episyrphus balteatus

双翅目

7～10mm

成虫期（月）

1 2 3 4 5 6 7 8 9 10 11 12

形态特征

胸部为灰色，表面有4条纵向黑条，红色的大复眼位于胸部上方。橙黄色的腹部有3条特征明显的黑色条纹。雄蝇的两只复眼在头部上方“连接”在一起。

栖息地

随处可见。

生活习性

成虫以花为生，发挥着重要的传粉功能，为很多种花卉服务（菊科、伞形科等）。像大多数食蚜蝇一样，它模仿蜜蜂或黄蜂的颜色和形态以劝退捕食者，即所谓的“拟态”。幼虫形似蛆虫，白色，胃口大，喜食蚜虫：是园丁的好帮手！

实用知识

这种微小的食蚜蝇具有非凡的飞行能力，能够远距离迁徙。因此，我们几乎可以在世界上任何地方看到它！

西方蜜蜂

Apis mellifera

膜翅目

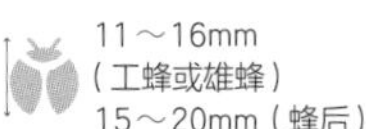

11～16mm（工蜂或雄蜂）
15～20mm（蜂后）

成虫期（月）

1 2 3 4 5 6 7 8 9 10 11 12

形态特征

蜜蜂的身体呈棕黑色，胸部有红色毛发，腹部也有红色条纹。最后一对小腿上有扁平的胫节，用于采集花粉。

栖息地

各种鲜花盛开的环境里都可以见到蜜蜂。

生活习性

长期以来，为了从蜂巢的产品中获益，人类一直在饲养蜜蜂。它们生活在一个群体巢穴中，通常被称为蜂巢，里面可容纳将近80000只蜜蜂（分群之前。在分群时，老的蜂后会带领将近一半的族群离开旧的蜂巢，去寻找或修建新的巢穴，而新蜂后则会取代老蜂后原来的位置！）。在冬天，整个蜂巢的蜜蜂均以工蜂生产的蜂蜜为食。幼虫则食用花粉和蜂王浆，但只有蜂后会终生食用蜂王浆。

欧洲熊蜂

Bombus terrestris

膜翅目

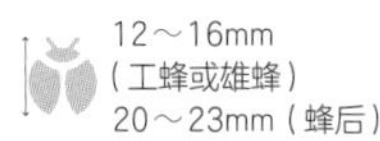

12～16mm（工蜂或雄蜂）
20～23mm（蜂后）

成虫期（月）

1 2 3 4 5 6 7 8 9 10 11 12

形态特征

欧洲熊蜂是一种粗壮、多毛的大黄蜂。它的胸前有一圈黄色条纹，腹前有另一条，身体的末端则是白色的。它与明亮熊蜂（*Bombus lucorum*）很相似，但它更常见。

栖息地

欧洲各地的草地、疏林和市区均可见。

生活习性

欧洲熊蜂是法国常见和重要的授粉昆虫之一。它是一个“通才”，能够为各种花卉（超过300种！）传粉采蜜。欧洲熊蜂生活的蜂巢由其年轻的蜂后在早春建立，通常位于地面上现有的洞穴或小型哺乳动物废弃的巢穴中。下一代蜂群出现在秋天，然后过冬。只有已受精的蜂后才能存活下来，并在来年的夏天建立新的族群。

木匠蜂

Xylocopa violacea

膜翅目

25～30mm

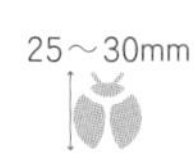

成虫期（月）

1 2 3 4 5 6 7 8 9 10 11 12

形态特征

体型健硕，飞行的声音很大。身体全黑，上面带有紫蓝色亮点，翅膀上也一样。

栖息地

常见于市区、空地或者森林边缘，钟爱晴朗天气。

生活习性

木匠蜂常因其健硕的外观而被误认为大黄蜂。木匠蜂，或者木蜂，是膜翅目中巨大的种之一。它的巢结构复杂，通常建在枯木上，如接骨木或者芦苇茎秆，有时候也会建在老化的房梁上。为了在房梁上筑巢，木匠蜂会用强大的下颚挖出一条主要通道，用来连接数个隔间。5月，在交配之后，雌蜂会在每个隔间中产卵。幼虫在年底孵化，并在空心的木头或枯死的树干里越冬，直到来年春天。

细扁食蚜蝇
接眼式复眼
（雄蝇）
间隔式复眼
（雌蝇）
扁平胫节
西方蜜蜂
木匠蜂
欧洲熊蜂

探索：

季节

春、夏、秋、冬…… 在温带气候中，自地球形成以来，这四个季节便一直演奏着生命的乐章。如果我们花时间观察一年中四季对自然的影响，我们会发现，没有一天是一样的！

季节的起源

在太阳系形成的时候，初生的太阳吸引着无数星尘，这些尘埃逐渐聚集，并最终形成行星。在这个过程中，年轻行星的形状不断改变，并受到持续不断的撞击。正是在这些碰撞的过程中，地球的自转轴开始相对于太阳的自转轴略微倾斜，从而形成了不同的季节。如果地球的自转轴和太阳的平行，那么地球表面任何一点的温度在一年中的任何时候都会是一样的：也就是说，季节将不复存在。

和其他日子不一样

由于地球上所有地区一年四季的日照方式都不一样，因此白天的长度各不相同。一年中白昼最短的一天是冬至，最长的一天是夏至。每年有两天，白昼的长度等于夜晚的长度，即春分和秋分。所谓的“二至二分”，即冬至和夏至，秋分和春分，标志着四个不同季节的开始。

地球上的其他地方

在热带气候地区，冬夏温差不大，一年主要分为旱季和雨季两个季节。在两极，有半年，太阳从不落下，被称为极昼；另外半年，太阳从不升起，被称为极夜。

与季节共存

季节对地球上生物的节律影响很大。

秋天是很多物种为过冬做准备的季节。一些动物会迁徙，以便寻找更温暖的环境，另外一些定居动物则开始储存脂肪或食物以待冬眠。草本植物的新陈代谢开始逐渐减慢，落叶乔木则开始积累能量，供来年春天汁液向上运输，以便萌发新芽。

在冬天，白昼比黑夜短，天气也更冷、更多雨、更多雪。植物大多处于休息状态，动物则已经迁徙或处于冬眠状态。一年生植物会在冬天死去。多年生植物则受益于覆盖它们的雪的隔热效果而得以存活。落叶乔木则通过落叶使其地面部分处于休眠状态。

春天到了，大自然开始苏醒。气温逐渐升高，雪开始融化，植物发芽并开花。动物有的从冬眠中醒来，有的则从迁徙地返回。汁液开始向上运输，树木长出嫩芽，新绿的叶子开始舒展。

夏天是最热的季节，光照最多，一年中的白昼最长，也是植物的结果期。

孔雀蛱蝶

Aglais io

蛱蝶科

50～60mm

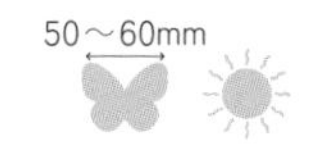

成虫期（月）

1 2 3 4 5 6 7 8 9 10 11 12

形态特征

孔雀蛱蝶翅膀上的眼状斑（圆形斑点），看起来就像孔雀在红色背景上开屏一样，十分显眼，不可能和其他蝴蝶弄混！相反，其翅膀背面十分黯淡，方便它很好地隐藏在树干或者枯叶中。

栖息地

欧亚大陆各处均有分布，十分常见，出没于各种环境（花园、草地、荒地和市区等）。

生活习性

孔雀蛱蝶很容易被观察到，甚至严冬时节仍有出没，这是因为冬日的明媚阳光会让它从冬眠中苏醒。荨麻是其偏爱的寄主植物，一到春天，雌虫便会在荨麻幼芽的嫩叶下产卵。在其变态发育的第一个阶段，毛毛虫会共同生活在它们一起编织的网中，直到化蛹时才分散开来。

金凤蝶

Papilio machaon

凤蝶科

60～80mm

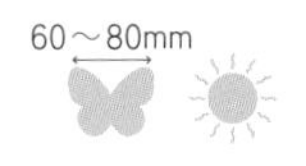

成虫期（法国北半部：4～9月；法国南半部：3月中旬到10月）（月）

1 2 3 4 5 6 7 8 9 10 11 12

形态特征

金凤蝶的前翅有着淡黄的底色，上面排列着黑色的条纹。其后翅的边缘有着新月形的蓝斑，中间则为红色的眼状斑，翅尾凸出。易与法国南部的欧洲杏凤蝶（*Iphiclides podalirius*）或者黑带金凤蝶（*Papilio alexanor*）混淆。

栖息地

金凤蝶无处不在，经常出没于各种繁花似锦的环境里，遍布法国、非洲和亚洲。

生活习性

金凤蝶是蝴蝶的一个典型代表。事实上，因其艳丽的颜色和较大的尺寸，金凤蝶可以做成很好的标本。每年有两代金凤蝶出生、发育、成熟，在南部地区甚至能有三代，但在山区只有一代。第二代通常出现在7月。它的寄主植物是伞形科（茴香、欧芹、莳萝等）。

实用知识

当它感觉受到威胁时，金凤蝶的幼虫会露出一种令人惊异的橙色且分枝的器官，有恶臭，即所谓的臭角（*osmeterium*）。

钩粉蝶

Gonepteryx rhamni

粉蝶科

50～55mm

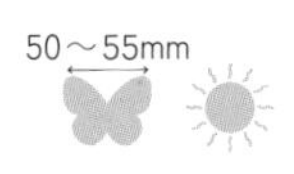

成虫期（月）

1 2 3 4 5 6 7 8 9 10 11 12

形态特征

钩粉蝶的雄虫为亮黄色，雌虫绿色。翅膀形似叶片，外观独特。可能会与地中海地区的克雷钩粉蝶（*Gonepteryx cleopatra*）混淆，但后者的前翅上侧几乎完全是橙色的。

栖息地

广泛分布于北非、西欧乃至西伯利亚边缘。各种环境均可生存。

生活习性

钩粉蝶学名中的*rhamni*来自其寄主植物，即鼠李科（*Rhamnaceae*），主要是药炭鼠李和鼠李。其幼虫于5月孵化，并在当季化蛹。成虫在庇护所过冬，直到次年春天，一般是3月和4月，或更早的时候重新出现。它的寿命长达一年，是蝴蝶中的长寿种！

实用知识

它的身体会产生一种类似防冻剂的物质，因此，即使在下雪的天气里也不怕冷，有着令人印象深刻的御寒能力。

优红蛱蝶

Vanessa atalanta

蛱蝶科

50～60mm

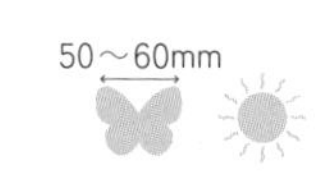

成虫期（月）

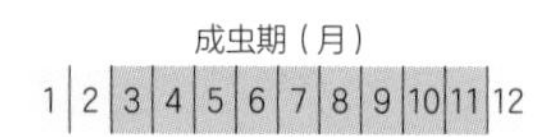

1 2 3 4 5 6 7 8 9 10 11 12

形态特征

翅膀上部几乎全黑，前翅正中有红色带状斑纹，近翼角处有心形的白色斑纹，且背面更为突出。后翅尖端有红橙色频带，边缘处有黑色小点，下方有棕色大理石纹。

栖息地

优红蛱蝶广泛分布于欧亚大陆和北非，包括印度。适应各种环境，多分布于草地、公园、花园、疏林和湿地。

生活习性

一年产两代，善迁徙。在法国及其周边地区，第一代通常出现在3月到4月。虽然是迁徙物种，但也有一些在法国定居。主要在荨麻或墙草上化蛹。如果毛毛虫在秋季完成化蛹，那么其第二代将返回非洲或者留在欧洲过冬。

实用知识

优红蛱蝶每年的迁徙距离长达4000km，是与小红蛱蝶并驾齐驱的迁徙能手，这为它赢得了“海军上将”的绰号。

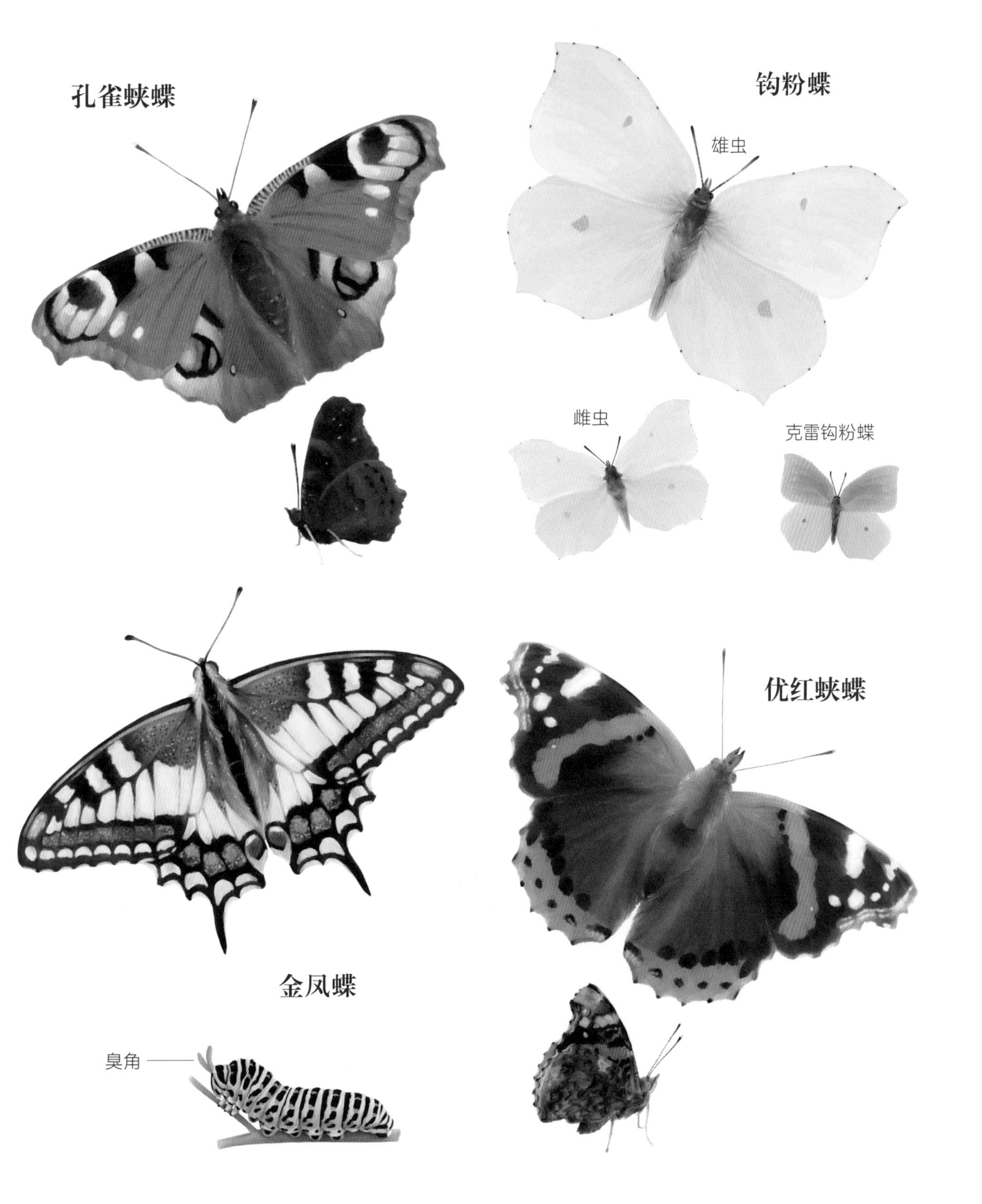
孔雀蛱蝶
钩粉蝶
雄虫
雌虫
克雷钩粉蝶
优红蛱蝶
金凤蝶
臭角

普蓝眼灰蝶

Polyommatus icarus

灰蝶科

25～30mm

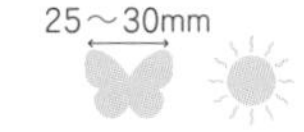

成虫期（月）

1	2	3	**4**	**5**	**6**	**7**	**8**	**9**	**10**	11	12

形态特征

成虫的同源二态性很明显。雄虫的翅面为耀眼的浅蓝色，下侧边缘有橙色月牙，灰色的表面上有许多白色圆圈包裹的黑点。雌虫有着相同的图案，但其身体主要为棕色，翅基边缘为橙斑。

栖息地

普蓝眼灰蝶分布于欧亚大陆的温带地区。常见于各类草地，喜干燥和阳光。

生活习性

普蓝眼灰蝶，别称刺芒柄花蓝灰蝶（法文：azuré de la bugrane）或蓝眼斑蝶（法文：argus bleu），是灰蝶科的一种普通小型蝴蝶。眼灰蝶属非常多样化，有很多种在外观上很相似，但生活习性却千差万别。其幼虫的寄主植物是豆科（百脉根、苜蓿、刺芒柄花等），成虫也以此为食。一般一年产两代，如果气候适宜的话，一年可产三代。毛毛虫会一直越冬到第二年春天。

斑裳狼蝶

Melitaea didyma

蛱蝶科

30～40mm

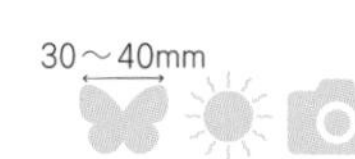

成虫期（月）

1	2	3	**4**	**5**	**6**	**7**	**8**	**9**	10	11	12

形态特征

翅面边缘为黑色，雄虫表面为亮橙色，上面点缀着不规则的黑色图案，雌虫则呈暗灰色。翅膀下面是白色的，有两条橙色斑带，周围是黑色月牙，每条翅脉周围有一排黑点。狼蝶是堇蛱蝶和螺钿蛱蝶的近亲，均属于蛱蝶科。它们的特征是只有两对可见的腿，其前足已经萎缩。

栖息地

斑裳狼蝶主要分布于法国南部以及地中海地区，中国西部也有分布。常见于草坪和有充足光照的干草地等。

生活习性

除了在山区（一代）外，斑裳狼蝶每年产两到三代。雌虫选择在叶片下产卵。其寄主植物多种多样，包括车前草、婆婆纳、柳穿鱼等。幼虫会躲在低矮的植被中越冬，直到来年化蛹。

小豆长喙天蛾

Macroglossum stellatarum

天蛾科

40～50mm

成虫期（月）

1	2	3	**4**	**5**	**6**	**7**	**8**	**9**	**10**	**11**	12

形态特征

身体呈灰色，前翅也是灰色的，上面有黑色的横条纹，与橙色的后翅形成鲜明的对比。

栖息地

小豆长喙天蛾广泛分布于包括法国在内的北半球温带地区。各类环境均可见。

生活习性

小豆长喙天蛾从南欧或马格里布国家迁徙到法国，它们喜欢到花园里拜访矮牵牛、牵牛花和旋花，以及其他带花冠的花。凭借其长长的吻管，它可以轻易地探到花冠中吸取花蜜。根据产地的不同，每年产一到两代，有时会选择在其居住的法国南部地区过冬。其毛毛虫常在猪殃殃（拉拉藤，白色或黄色）上生长发育，有时也生活在繁缕上。尽管它是昼行性的，但是小豆长喙天蛾依然是一种蛾类，属于天蛾科。

实用知识

虽然小豆长喙天蛾在不同的地域有很多异名，但因其快速盘旋的飞行动作，在多地赢得了“蜂鸟”的绰号。

白羽蛾

Pterophorus pentadactyla

鸟羽蛾科

26～34mm

成虫期（月）

1	2	3	4	**5**	**6**	**7**	**8**	**9**	10	11	12

形态特征

全身白色。羽毛状的翅膀边缘有裂片。当它静止休息时，翅膀会缩起来折叠，并垂直于身体，形成T形。腿部有针状突起。

栖息地

白羽蛾分布于除西班牙以外的欧洲各地。各类开放环境均可生存，如草地、路边、荒地和森林边缘等。

生活习性

白羽蛾的惊人外观常让人误以为是外星来客……然而，它的确是鳞翅目的一种，其所属的鸟羽蛾科拥有将近600个物种。虽然它是一种蛾类，且常在傍晚活动，但是白天也经常可以看到它，比如在植物的茎秆上，在路边，甚至在乡村的花园中。其幼虫的寄主植物是田旋花和旋花。

普蓝眼灰蝶
雄虫
雌虫
雄虫
斑裳狼蝶
雌虫
小豆长喙天蛾
白羽蛾

第二章

水域

一个午后，你和朋友一起坐在河边的岩石上，把脚放在水里，听着水流的拍打声……耳边传来风拂过垂柳的沙沙声，眼前蜻蜓飞舞，水面波光粼粼，鸟儿在树枝上歌唱……这时，你只有一个愿望，就是像岸边的树木一样，在这个奇妙的地方扎根，在青蛙和芦苇之间尽情生长。

但是，刚刚如闪电般掠过水面的蓝鸟是谁？这种遍布河岸的植物又叫什么名字？最后，水面上的这只小虫子，又是何方神圣？

林当归

Angelica sylvestris

80～200cm

伞形科 

花期（月）1 2 3 4 5 6 7 8 9 10 11 12

形态特征

有芳香，多年生或两年生。复叶，叶有柄，小叶呈椭圆形，羽状分裂，边缘有细尖锯齿，顶部渐尖。茎坚固，中空，表面光滑，通常为红色。复伞形花序顶生或侧生，花为白色或粉红色。果实阔卵形，有翼。较难同其他有毒的伞形科植物相混淆，后者的叶子通常羽状深裂，与欧芹类似。

栖息地

分布于欧洲、亚洲和北美洲的水滨或树林中，喜阴凉、潮湿。

实用知识

林当归有特殊香气。嫩茎可以像芦笋一样生吃或熟吃。糖渍之后，香气四溢，美味异常，备受喜爱。昔日修道院会将林当归与其栽培的近亲——欧白芷（*Angelica archangelica*）一起制成这道糖渍美食。其果实味道辛辣，可作香料。全株各部分均可用于酿酒。

豆瓣菜

Nasturtium officinale

10～50cm

十字花科 

花期（月）1 2 3 4 5 6 7 8 9 10 11 12

形态特征

多年生水生草本植物。叶子深绿色，奇数羽状复叶，共5～7片小叶，多为宽卵形、长圆形或近圆形，顶生小叶较大。总状花序顶生，小花共4片花瓣，均为白色。长角果圆柱形，直立。开花前易与傻瓜豆瓣菜（*Helosciadium nodiflorum*）混淆，但没有危险。

栖息地

广泛分布于欧亚大陆、非洲和美洲，常见于清澈的泉水、溪流或者其他活水。

实用知识

豆瓣菜富含维生素A和维生素C，以及铁和碘等矿物元素，且含有一种硫黄味的辛辣精油，生吃有刺激性。如果水源安全卫生，可以作为沙拉生吃，否则，为了避免寄生虫病的风险，请煮熟食用。可做成汤、法式焗菜或者馅饼。煮熟之后的豆瓣菜没有辣味，但仍然会有一种独特风味。

旋果蚊子草

Filipendula ulmaria

60～120cm

蔷薇科 

花期（月）1 2 3 4 5 6 7 8 9 10 11 12

形态特征

多年生草本，植株较高大。茎粗壮，有稜，多为红色。叶为羽状复叶，有5～7片小叶，长圆披针形，顶端渐尖，边缘有齿。顶生小叶最大，3裂。顶生圆锥花序，呈羽毛状，似伞形花序。花香，小花为白色，有5片花瓣。瘦果弯曲如螺旋状着生于果托上。

栖息地

主要分布于欧洲和西亚，常见于水滨、湿草地等。

实用知识

旋果蚊子草含有各类维生素、矿物质，以及水杨酸甲酯，后者如高剂量服用会导致恶心。干燥后可进行浓缩提成，并制备出制作阿司匹林的原料水杨酸；事实上，阿司匹林（法语：Aspirine）这个名字即来源于旋果蚊子草的别称“绣线菊”（Spirée）。花和花蕾一样，都有甜味，与香草类似，可用于制作奶油、蛋奶冻、各式甜点和饮料（如利口酒、白葡萄酒等）。叶子和茎在开花之前也可食用。

缬草

Valeriana officinalis

40～120cm

忍冬科 

花期（月）1 2 3 4 5 6 7 8 9 10 11 12

形态特征

多年生草本，茎粗而中空，圆柱形，有纵棱。叶对生，多为卵形，羽状深裂，全缘或有疏锯齿。花序顶生，成聚伞圆锥花序，小花带白色或粉红色花冠。根部由茂密的黄白色细根组成。

栖息地

缬草主要分布于欧洲和西亚，常见于潮湿的草地或森林，以及河岸和沟渠等处。

实用知识

缬草可用作镇静剂、抗焦虑剂和睡眠诱导剂。它还被证明有镇痛和解痉的作用，可缓解肌肉疼痛和消化痉挛。不建议长期使用缬草，也不建议癫痫患者使用。需咨询专业人士以确定合适的剂量。最好选用新鲜的根来泡茶，而不是用来熬制，因为这样可以有效保存其芳香成分；当然也可以当作母酊剂使用。

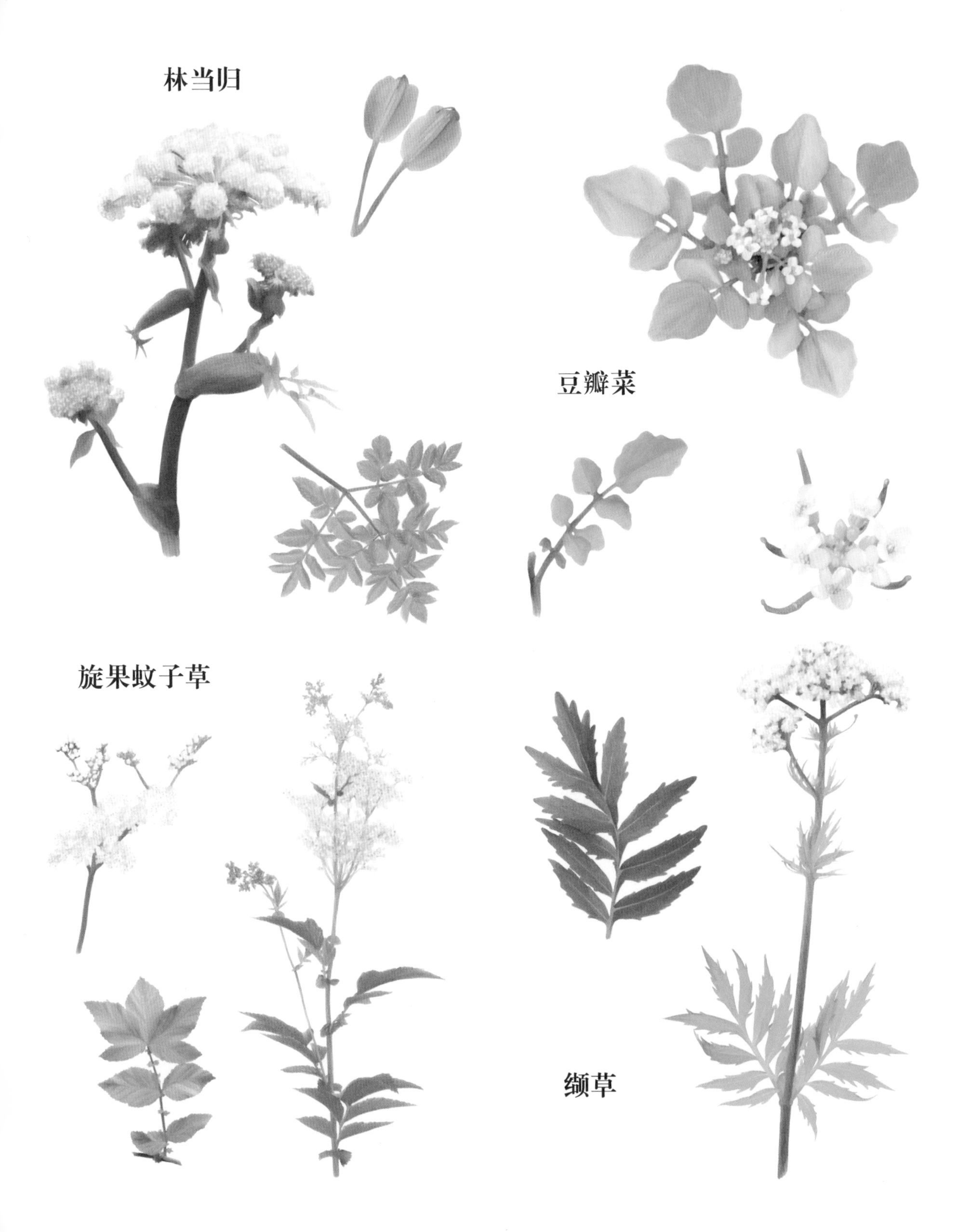
林当归
豆瓣菜
旋果蚊子草
缬草

苹果薄荷

别称鱼香草

Mentha suaveolens

唇形科 10～80cm 

花期（月）1 2 3 4 5 6 7 8 9 10 11 12

形态特征

气味独特，极易识别。茎钝四棱形，叶对生，呈椭圆形，表面凹凸形似浮雕。花顶生，密集成圆柱形穗状花序。小花白色到粉红色不等，有4枚可见的雄蕊。

栖息地

苹果薄荷很常见，和其他种类的薄荷一样，多分布于特别潮湿的环境，如湿草地、沟渠和河岸等。

近亲

法国共有8种野生薄荷。像许多芳香植物（如百里香、迷迭香、薰衣草和罗勒等）一样，它们都属于唇形科。

实用知识

苹果薄荷可提炼精油，其灭菌和杀虫的功效已经获得了广泛认证。新鲜薄荷叶在烹饪中很受欢迎，可以用在塔布雷沙拉（译者注：法语为taboulé，是一种黎巴嫩拌菜），和水果沙拉中，甚至可以用在鸡尾酒中。

虎杖

Reynoutria japonica

蓼科 100～250cm 

花期（月）1 2 3 4 5 6 7 8 9 10 11 12

形态特征

多年生植物，形态优美。根状茎粗壮且长，横走。茎红色，粗且空心，形似竹藤。叶有柄，宽卵形，顶端渐尖，基部截形。花白色，腋生成簇。易与同样可食用的大虎杖（*Reynoutria sachalinensis*）混淆。

栖息地

虎杖原产于亚洲，目前已广泛分布于欧洲和美洲。常见于水滨、沟渠和阴凉湿润的荒地。

实用知识

虎杖含有蛋白质、维生素和矿物质，但也含有草酸盐，因此不建议每天食用。其嫩芽像大黄一样甜而微酸，在日本很受欢迎。做成蔬菜和馅饼都很美味，其空心茎也可食用，可将其去皮之后塞入甜味或咸味的馅料。根茎的用法与拳参差不多。

拳参

Bistorta officinalis

蓼科　30～80cm　　花期（月）1 2 3 4 5 **6 7 8** 9 10 11 12

形态特征

多年生，常成群生长。基生叶宽披针形或狭卵形，被一条厚厚的叶脉分成两半，顶端渐尖，叶柄长，呈粉红色。茎生叶短披针形，无柄。总状花序呈穗状，顶生，直立且长。根状茎肥厚，内呈淡粉色。有可能同其他的虎杖或酸模属植物混合，均无毒。

栖息地

分布于欧亚大陆和北美，常见于平原或山区的湿草甸。

实用知识

拳参的根状茎富含碳水化合物、矿物质、抗氧化剂和蛋白质。传统上，阿拉斯加、西伯利亚和北欧地区的人喜欢食用它。嫩叶可做沙拉，稍老之后则最好煮熟食用。根茎需先在水中长时间浸泡，煮沸之后方可食用。

毛地黄

聚合草

Symphytum officinale

紫草科　40～100cm　　花期（月）1 2 3 4 **5 6 7** 8 9 10 11 12

形态特征

多年生植物，形态优美，被毛。叶片带状披针形，叶脉突出，边缘光滑，顶端尖。茎粗壮，直立。花梗上开粉红色、紫色、黄色或白色的铃铛花。可以安全地与其他紫草科植物混淆，但也易与有剧毒的毛地黄（*Digitalis purpurea*）弄混，后者叶片被短柔毛，而聚合草的叶子很粗糙。如果不能辨认，请暂时放弃，并等待开花之后再观察。

栖息地

主要分布于欧洲和北美，常见于潮湿的草地、沟渠和水滨。

实用知识

聚合草含有黏质、蛋白质、维生素和矿物质，但也含有对肝脏有潜在毒性的生物碱，最好不要长期食用。它的叶子可以使汤变稠，是美味的蔬菜。聚合草做成的“紫草鱼片”相当美味，甚至会让人以为是鳎鱼片。其花序也可以用这种方法烹制。

千屈菜

Lythrum salicaria

千屈菜科 50～100cm 花期（月）1 2 3 4 5 6 7 8 9 10 11 12

形态特征

多年生草本，植株高大。茎直立，四棱形，被毛。叶对生，无柄，基部圆形或心形，有时为披针形，中央叶脉突出。花簇生，形似一大型穗状花序。每朵小花有6枚花瓣，呈红紫色，倒披针状长椭圆形，沿着小枝呈螺旋状排列。

栖息地

多分布于欧洲、西亚和北美，常见于湖滨、河岸、潮湿的草地和沟渠等。

实用知识

千屈菜具有收敛功能，有助于收紧组织。因此，它常被用于停止轻度出血和缓和湿疹或静脉曲张性溃疡。它还可以帮助治疗腹泻和痢疾等肠道疾病，甚至因此而获得了“腹痛杀手”的绰号。干燥的花序可以泡茶，用于内服，或者做成药膏，局部外用，还可以放入酒精中做成千屈菜浸液。

地榆

Sanguisorba officinalis

蔷薇科 40～100cm 花期（月）1 2 3 4 5 6 7 8 9 10 11 12

形态特征

多年生草本，根匍匐，多分枝，叶子不多。基生莲座状叶丛，羽状复叶，由7到15片椭圆形小叶组成，边缘有齿，以中央叶脉为轴呈打开状或略微折叠。花密集簇生，为球状卵球形或球状穗状花序，呈暗红色或紫色。

栖息地

地榆遍布于欧洲各地，亚洲西部和北部也有分布，地中海地区较为少见。常见于河流、潮湿的草地和沼泽等。

实用知识

地榆主要作为收敛剂，常被用于处理外部出血或消化黏膜出血，以及缓解腹泻或恢复循环系统，尤其是在静脉曲张的情况下。叶子和干燥的花序可以用来泡茶，或者作为膏药局部应用于烧伤、瘀伤和湿疹的患处。其嫩叶可食，常被做成沙拉。

草甸碎米荠

别称小水田芥、狼花草或假水田芥

Cardamine pratensis

十字花科　30～40cm

花期（月）1 2 3 4 5 6 7 8 9 10 11 12

形态特征

基生莲座状叶丛，复叶，由3到7枚圆形小叶组成。茎生叶互生，由7到15片线形小叶组成。花呈淡紫色，花瓣4枚，呈十字状。总状花序，比较稀疏，最先盛开的花会结绿色的长角果（豆荚）。

栖息地

在湿草地、沟渠、沼泽和树林中非常常见。

近亲

像芥菜、蒜芥、荠菜、芝麻菜、白菜、萝卜和芜菁一样，草甸碎米荠属于十字花科。

实用知识

富含维生素C，嫩叶可食，常拌作沙拉。

柳叶菜

别称鸡脚参、水朝阳花

Epilobium hirsutum

柳叶菜科　10～50cm

花期（月）1 2 3 4 5 6 7 8 9 10 11 12

形态特征

植株直立，多被毛，因而得名（译者注：柳叶菜的法文名为épilobe hirsute，原意为多毛的杂草，其中hirsute一词专门形容毛既长又密的植物）。下部的叶对生，披针形，略带齿。花大，粉紫色，与叶子组成小簇。花瓣4枚，先端凹缺，形似两裂；子房长，呈管状，花瓣末端插入其中。

栖息地

属常见植物，喜湿，多分布于河岸、草地、沟渠、林边或者杨树林。

请勿混淆

易与山区常见的柳兰相混淆，后者叶子互生且较窄，通常只有一簇花，无伴生叶。

宽叶香蒲

Typha latifolia

100～200cm　花期（月）

蔷薇科  

形态特征

水生植物，根状茎长，白色。叶条形，较肥厚，密集簇生。单茎，常绿，顶生绿色雄花或棕色雌花，为圆柱形穗状花序。可能会与其他无害的香蒲科植物相混淆，在开花前也容易与有毒的黄菖蒲（*Iris pseudacorus*）弄混，后者的叶子更短更宽，且有明显的中脉。

栖息地

全球均有分布，常见于各类活水或死水、沟渠等。

实用知识

其根茎可提供蛋白质和碳水化合物，花粉则含有维生素和矿物质。嫩芽的内部可生吃或熟吃，口味近似于棕榈心。雌花和叶子的基部也可食。根茎去皮后可生吃或熟吃，也可晒干磨成粉。雄花可产生极好的花粉。

毛果一枝黄花

Solidago virgaurea

20～100cm　花期（月）

菊科  1 2 3 4 5 6 7 8 9 10 11 12

形态特征

美丽的多年生植物，茎粗壮，多分枝。叶对生，几乎无柄，并带有明显的中脉，为长披针形，边缘有齿。叶片在每个节间变换轴线生长，使植株看起来像一棵茂密的小棕榈树。其长圆锥状花序引人注目，上面开黄色花瓣的小花，花上带有绿色的管状总苞。

栖息地

多分布于欧洲、亚洲和北非的森林、湿草地、荒野和疏林中。

实用知识

毛果一枝黄花是一种利尿剂和抗菌药草，可用于治疗尿路感染。它也能有效治疗轻度消化系统疾病，在外用时还有抗炎功效。也可以用来治疗肾功能衰竭，但在使用前请咨询专业人士。新近干燥的顶花和叶子可以泡茶内服，也可以制成母酊剂或油性浸液用于局部外用。

圆叶过路黄

Lysimachia nummularia

10～60cm　花期（月）

报春花科  

形态特征

植株矮小，多年生，茎匍匐，小叶对生，均为圆卵形，以中脉为轴略微向内折叠。小花，金黄色，有5枚花瓣，顶端偶有分叉（裂开）。

栖息地

欧洲各地几乎都有分布。常见于河岸、沟渠、湿草地和潮湿的森林中。

实用知识

其收敛性使其具有止血功能，有助于皮肤表面伤口的愈合。长期以来，圆叶过路黄一直被用来缓解咳嗽和腹泻，也可用来治疗湿疹和风湿病。植株的地面部分均可用来泡茶，或者用作漱口液，还可以敷在伤口上。使用剂量和方法应由专业人员决定。

黄菖蒲

别称黄鸢尾、水生鸢尾

Iris pseudacorus

40～100cm　花期（月）

忍冬科  1 2 3 4 5 6 7 8 9 10 11 12

形态特征

植株无特殊气味，根状茎粗壮，有时会形成群落。叶细长，呈宽剑形，叶脉平行，顶端渐尖，基部鞘状。花黄色，有紫色的斑纹，花朵成对或三朵簇生。

栖息地

顾名思义，黄菖蒲或水生鸢尾多见于沼泽、芦苇床、沟渠、湿草地、桤树林、杨树林，是一种常见的水滨植物。

近亲

黄菖蒲是番红花和德国鸢尾的近亲，前者有一个品种是藏红花的原料，后者有很多观赏品种。

实用知识

据说法国国王纹章上的百合花徽标志即取材于黄菖蒲的花。它的根茎富含丹宁，可用于鞣制。研究表明，黄菖蒲可用于净化土壤水。

宽叶香蒲

毛果一枝黄花

圆叶过路黄

黄菖蒲

地中海滨藜

Atriplex halimus

100～200cm

苋科

花期（月）

1 | 2 | 3 | 4 | 5 | 6 | 7 | **8** | **9** | 10 | 11 | 12

形态特征

草本，多枝，细枝呈灰色。叶互生，有银白色光泽，常绿，箭状披针形。花朵小而不起眼，淡黄色，密集簇生为长穗状花序。果实被两片白色瓣膜包裹，种子小，红色。

栖息地

多生长于海边。原产于非洲和地中海沿岸，目前已作为观赏植物引入法国，广泛分布于大西洋沿岸直到北欧。

实用知识

地中海滨藜的叶片能提供维生素和矿物质，但它们也含有草酸盐，因此，请务必避免长期大量生食。叶子有咸味，可以很好地搭配沙拉，同时简单地用橄榄油煎制一下也很好吃。像海藻一样，它跟大部分的鱼类都很搭。

沿海甜菜

Beta maritima

30～120cm

苋科

花期（月）

1 | 2 | 3 | 4 | 5 | **6** | **7** | **8** | **9** | 10 | 11 | 12

形态特征

多年生植物，形态优美，偶有高大的植株。基生莲座状叶丛，叶片有深绿色光泽，柔软多肉，多为椭圆形或菱形，边缘呈波浪形，有肉质的叶柄。茎生叶短而无柄。花腋生，绿色，簇生成团伞花序。一般来说，在其典型的生存环境中极易识别，不会与其他植物弄混。

栖息地

多分布于欧洲、西亚和北非沿海未开垦的荒地。

实用知识

叶子富含维生素和矿物质，尤其是铁，也含有皂苷和草酸盐，最好不要过度食用（栽培种亦如此）。主要的食用部分为其带有咸味的叶片。可生吃，其肉质肌理使其口感清爽，作为蔬菜煮熟后食用尤为美味。

海茴香

Crithmum maritimum

20～50cm

伞形科

花期（月）

1 | 2 | 3 | 4 | 5 | 6 | **7** | **8** | **9** | **10** | 11 | 12

形态特征

多年生肉质植物，叶厚，呈披针状，中间有一条“狭缝”。花顶生，簇生成浓密的白色伞形花序。果实小，红色，多呈椭圆或球状。鉴于其特殊的栖息地，几乎不可能认错。

栖息地

海茴香分布于欧洲、西亚和北非。常见于地中海和大西洋沿岸直至北欧，喜欢生长在沿海的沙丘和岩石上。

实用知识

海茴香含有芳香精华以及多种矿物质和维生素C。其叶片带有明显的柑橘味，是一种有趣的调料。可生吃，用来丰富沙拉的口感，也可与鱼肉碎搭配。海茴香煮熟之后很适合搭配鱿鱼、鱼和各类贝壳。也可放入醋中腌制、保存。其果实辛辣，可作香料。

芹叶车前

Plantago coronopus

5～40cm

车前科

花期（月）

1 | 2 | 3 | **4** | **5** | **6** | **7** | **8** | **9** | **10** | 11 | 12

形态特征

一年生或两年生，植株矮小，略被毛。基生莲座状叶丛，叶片为细披针形，顶尖，因而得名（译者注：因其形似鹿角，法文名plantain corne-de-cerf原意即为“鹿角车前”）。穗状花序，直立，花柄为绿色，小花黄色，结蒴果，内含3到4颗棕色种子。易与其他车前科植物混淆，均可食用。

栖息地

主要分布于欧洲和西亚地区，常生长在沙地或者海滨沙丘。

实用知识

采自海滨的芹叶车前富含维生素、矿物质（铁、钙）、黏质和钠。叶片口感滑嫩，微咸，可拌入沙拉生吃，也可做成汤、土豆泥、馅饼或煎蛋卷等熟吃。

沿海甜菜
地中海滨藜
海茴香
芹叶车前

欧洲桤木

别称黑桤木

Alnus glutinosa

阔叶树

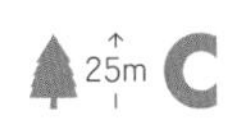

形态特征

植株呈圆锥形或金字塔形，最高可达25m。枝条弯曲，树皮为棕色，常开裂成方形，上有很多垂直分布的裂纹。叶倒卵形，深绿色，边缘略有不规则锯齿，叶片顶端不尖。小坚果卵形锥状，棕色，秋天会开裂并释放种子。种子在一年中大部分时间都会留在树上。

栖息地

在法国很常见，但较少种植，多为野生。常分布于溪边或潮湿的森林。

实用知识

根部有小结节，内藏固氮细菌，可使土壤变得肥沃。细菌可以从桤木根部获取碳水化合物，从而生长繁衍：这是一种所谓的“共生”关系。

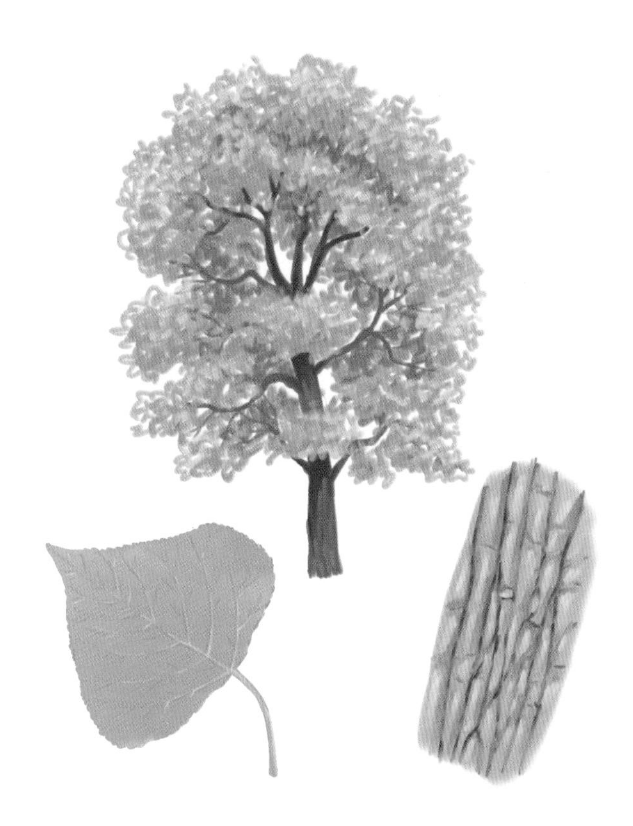

黑杨

别称瑞士杨

Populus nigra

阔叶树

花期（月）

1	2	3	4	5	6	7	8	9	10	11	12

形态特征

植株高大粗壮，可高达40m。侧枝很重，呈拱形。多枝杈，通常成簇出现在树枝和树干上。树皮深棕色，粗糙且有裂纹。叶子小（6～8cm），多为菱形、菱状卵圆形或三角形，边缘有细锯齿。叶片基部没有腺体，叶芽尖尖且突出，在树枝上互生。果实白色，蓬松，借助风力传播。

栖息地

在法国随处可见，尤其喜欢生长在凉爽湿润的土壤中。

实用知识

其亚种钻天杨（*Populus nigra italica*）常被种植在小巷、公园和花园中，形状直而细长，很容易辨认。

白柳

Salix alba

阔叶树 25m 花期（月）3—4

1	2	3	4	5	6	7	8	9	10	11	12

形态特征

植株高大，树干短且经常倾斜。枝杈喜欢向上生长，高度可达25m。园艺中经常将顶部修剪成盆形以遏制其生长。树皮暗灰色，深纵裂。叶披针形，顶端渐尖，边缘有细锯齿。叶背灰色，被绒毛，叶柄（或茎）短。花基生，黄色，花序与叶同时开放。果实小而蓬松，借助风力传播。

栖息地

在法国的野外随处可见，它特别喜欢生长在河岸或池塘边。

实用知识

白柳的柔软枝条可用于编织柳条篮。其近亲爆竹柳也易辨认，它的树干为棕色，同时叶背无毛。

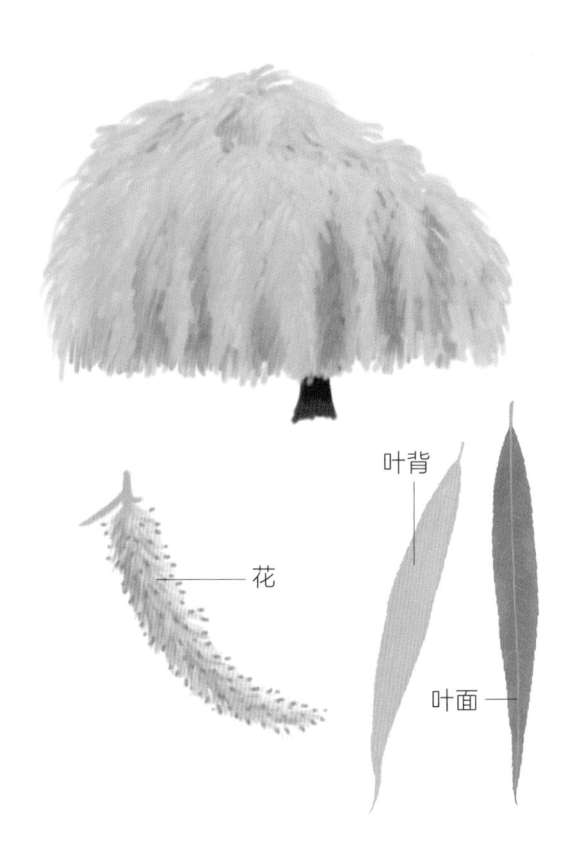

垂柳

Salix babylonica

阔叶树 20m 花期（月）3—4

1	2	3	4	5	6	7	8	9	10	11	12

形态特征

垂柳树干高大粗壮，枝杈弯曲，常垂于地上。植株可达20m高。树皮为灰褐色，不规则开裂。树叶披针形，顶端渐尖，边缘有细锯齿。叶背为淡白色，有些品种甚至是黄色的。花基生，黄色，花序与叶同时开放。果实小而蓬松，借助风力传播。

栖息地

自19世纪以来大量种植，常见于湖畔和河岸。

实用知识

垂柳的品种很多，枝杈通常为黄色，枝条大多下垂或弯曲。它与白柳为近亲，很容易杂交。

探索：

淡水动物群落

既不完全生活在水下，也不总是在陆上，很多动物就这样在液体和固体两种元素之间过着相当隐秘的生活。人们偶尔会在芦苇和灯心草之间发现它们的踪迹，或者在河岸或池塘边偶遇它们的身影……。

半水生哺乳动物

这些哺乳动物通常都长着有蹼的腿、厚厚的皮毛和符合流体动力学的轮廓，所以十分适应水生生活。水獭（1）和海狸（2）是法国象征性的动物，属于本土保护物种，它们都是游泳健将。水獭以鱼为食，而海狸则是素食主义者，尤其以其建筑才能而闻名，它们能借助泥土和树枝，建起十分精致的小屋。小个子的水鼩鼱（3）的唾液有毒，能够在岸边或水下麻痹体型较大的猎物。水䶄（4）是一种小型啮齿动物，会潜水和游泳，主要以水生植物为食。海狸鼠（5）和麝鼠最初是从美国引进饲养的，但它们很快就在法国的野外生存繁殖起来，扰乱了当地的生态平衡。它们属于入侵物种。

实用知识

半水生哺乳动物的皮毛都非常厚实：例如，水獭表皮每平方厘米有60000至80000根毛发，而狗则只有200至600根！

爬行动物

在水边，最容易碰到的爬行动物非游蛇（6）莫属。与有毒的蝰蛇不同，游蛇会游泳和爬树。蝰蛇的体型一般比游蛇小，而且更多地生活在岩石和灌木丛中，两者的主要区别是眼睛的形状。游蛇在食物链中发挥着重要的作用，它以老鼠等小型哺乳动物为食，能够调节后者的数量，反之，它也是食物链中更高一级的猎手的猎物，如猛禽等。在沼泽地区，我们也能偶尔碰到欧洲泽龟（7），也被称为沼泽龟，它正在享受长时间的日光浴。

两栖动物

水生环境中到处都是有着奇特的生活习性的小动物。负子蟾蜍（8）的雌性产卵，但是雄性会将卵包裹在后腿上背负3周：每天晚上它都会跳入池塘中使受精卵保持湿润，直到它们孵化的那一天。在莱桑池蛙（9）中，鸣叫的通常都是雄蛙。树蛙（10）又小又绿，白天喜欢待在灌木丛和树上，晚上才下水。凤头蝾螈（11）得名于其雄性繁殖时所戴的冠。最后是蝾螈（12），它形态优美，周身黑底黄带，喜欢生活在岸边，白天躲起来，只有晚上才出去捕捉蠕虫和蛞蝓。

实用知识

每年2月至3月，数以百万计的两栖动物会离开它们过冬的森林，迁徙到出生的池塘和水坑，并在那儿交配和繁衍。但这种迁徙十分危险：现在，各种各样的保护协会在它们迁徙的道路上放置了越来越多的网，以拦截并帮助它们通过危险区域。

4
1
5
2
11

蓝晏蜓

Aeshna cyanea

蜻蛉目

67～76mm

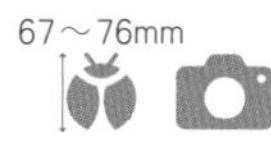

成虫期（月）

1	2	3	4	5	**6**	**7**	**8**	**9**	**10**	**11**	12

形态特征

雄虫脸部为绿色，眼睛为蓝色。胸部也是绿色的，两侧均有一条黑色斑纹。腹部黑色，有蓝色斑点。雌虫腹部为绿色，有同样形状的棕色斑点。雌虫的眼睛也是绿色的。

栖息地

喜欢栖息在各种类型的湿地，甚至可以在草地和花园中观察到。

生活习性

蓝晏蜓十分常见，且对环境的要求不高，它的幼虫可以在静水中生活，也能在缓慢或中等流速的溪流中生存。蓝色的雄虫因其颜色而显眼。它喜欢在水面上盘旋，但是这些掠食者会毫不犹豫地离开水面去狩猎！雌虫会将卵产在岸边、苔藓或植物上。通常一年产一代，幼虫的发育会持续1到2年。

阔翅豆娘

Calopteryx virgo

蜻蛉目

31～42mm

成虫期（月）

1	2	3	4	**5**	**6**	**7**	**8**	**9**	10	11	12

形态特征

雄虫身体为蓝绿色，有金属光泽。翅膀基部有靓丽的红色标记。腹尖下方有一橙色斑块。雌虫身体为绿色，也有金属光泽，翅膀为棕色。雌虫容易与华丽色蟌（*Calopteryx splendens*）混淆，雄虫则易与黄尾豆娘（*Calopteryx xanthostoma*）和地中海豆娘（*Calopteryx haemorrhoidalis*）弄混（后两者的分布区与阔翅豆娘在法国分布区的南部相重合）。

栖息地

喜欢在清澈且略有阴影的流水附近活动。

生活习性

阔翅豆娘形态优雅，光彩夺目，看起来就像一个小仙女。当雌虫和雄虫大量聚集，盘旋在溪流附近时，宁静的气氛会发生变化。它们的领地意识很强，很少离开原来的栖息地。雌虫会在水下植物的茎上产卵，幼虫则在水生植物上捕食和发育。成虫为肉食性，以其他昆虫为食。

长叶异痣蟌

Ischnura elegans

蜻蛉目

30～35mm

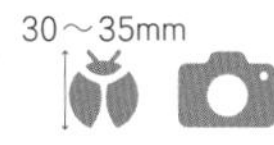

成虫期（月）

1	2	3	**4**	**5**	**6**	**7**	**8**	**9**	**10**	11	12

形态特征

雄虫的胸部为蓝色，背部为黑色，上有两条平行的蓝色条纹。翼尖带翅痣（一种细胞），通常为黑白色。腹部大部分为黑色，但尾部两节为蓝色。雌虫和雄虫身上的图案相同，但其颜色却多种多样（有绿色、棕色或蓝色等）。

栖息地

经常出现在湿草地上，也喜欢待在死水或流速缓慢的溪流中。

生活习性

有时会看到十几只长叶异痣蟌上下飞舞。它也会经常冒险进入附近的草地，然后很快又回到熟悉的水域。雌虫会在河岸的植被上产卵，在法国北方通常每年只产一代，但南方可以有两到三代。

实用知识

有很多种不同的豆娘，需要仔细观察其形态和身体细节（比如说长叶异痣蟌蓝色的尾巴），才能更好地分辨它们。

血红赤蜻

Sympetrum sanguineum

蜻蛉目

35～40mm

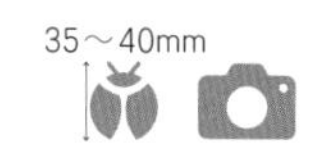

成虫期（月）

1	2	3	4	5	**6**	**7**	**8**	**9**	**10**	**11**	12

形态特征

雄虫的眼睛为黑色，腹部鲜红色，最后两节有黑色斑点。翼尖带棕色的翅痣，腿则全黑。雌虫与雄虫很像，但其身体为黄色，眼睛为浅棕色。雄虫容易与条斑赤蜻（*Sympetrum striolatum*）混淆，雌虫则形似大陆秋赤蜻（*Sympetrum depressiusculum*）。

栖息地

喜光照，多出没在死水或者流速慢的溪流中。

生活习性

相当常见的小型蜻蜓，雄虫常因其鲜艳的颜色而引人注目。喜欢有丰富水生植物的环境。产卵是通过雌雄协作“一前一后”完成的：雄虫会抓住雌虫的背部，将其抱住，而雌虫则借势将卵产在水面下。卵会在水中越冬，并在次年春天孵化。

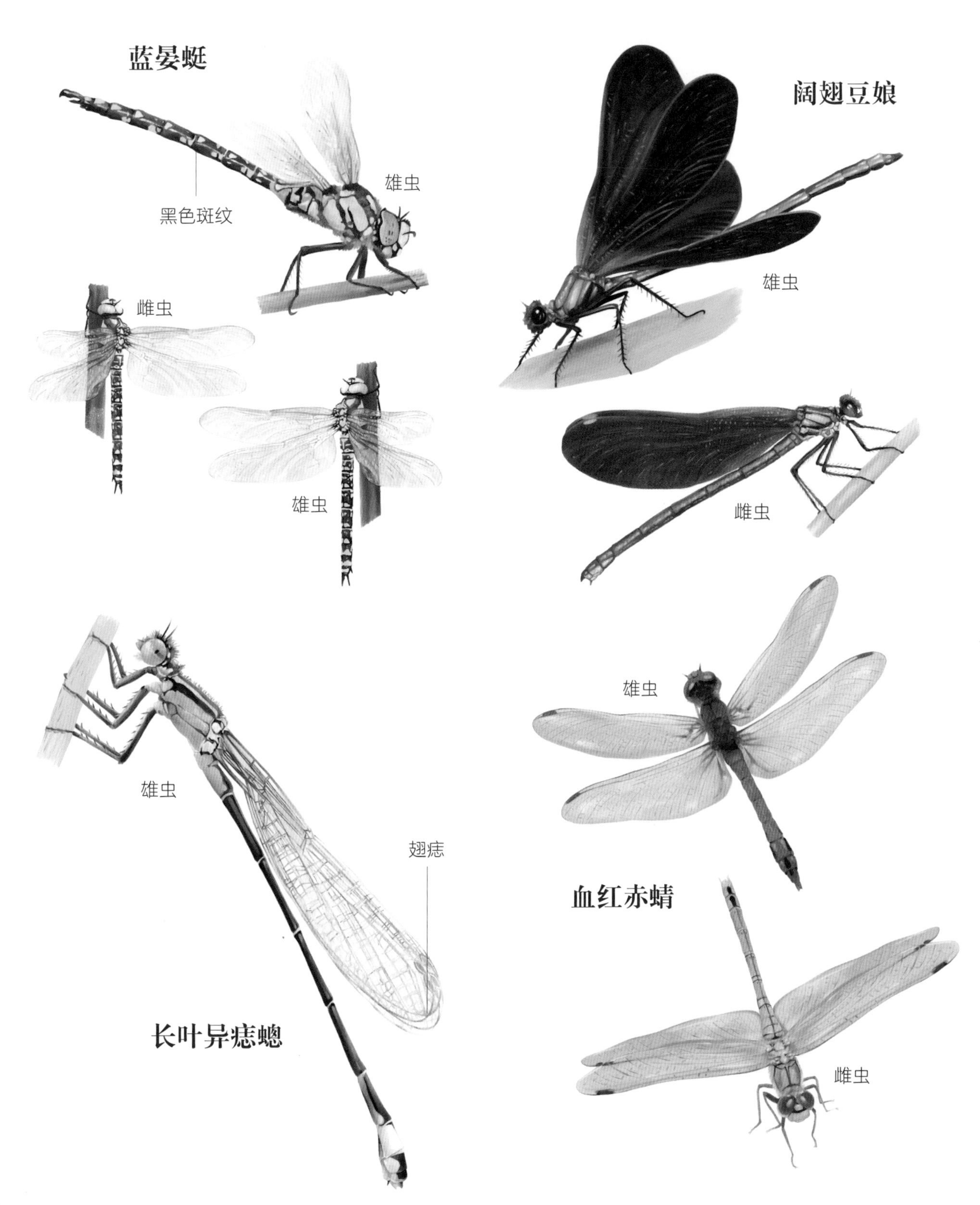
蓝晏蜓
雄虫
黑色斑纹
雌虫
雄虫
阔翅豆娘
雄虫
雌虫
雄虫
翅痣
长叶异痣蟌
雄虫
血红赤蜻
雌虫

龙虱

Dytiscus marginalis

鞘翅目 27～35mm  成虫期（月）1 2 3 4 5 6 7 8 9 10 11 12

形态特征

身体呈棕绿色，两眼之间有橙色三角形标记。胸部和鞘翅的边缘是黄色的。后腿比前腿更长，腿上有一排纤毛，可作为龙虱在水中的桨。雌虫的鞘翅上有黄色条纹，雄虫鞘翅上则是光滑的。

栖息地

喜欢生活在植被密集的死水或者流速缓慢的溪流中。

生活习性

生活在水中的龙虱是水生昆虫中体型大和速度快的之一。这个族群数目众多，仅在法国就有一百多个物种！在上升到水面的过程中，它们通过腹部末端的气门呼吸。龙虱还可以通过腿部的长纤毛捕获气泡。幼虫和成虫都是强大的捕食者，它们会毫不犹豫地攻击小鱼，甚至幼小的蝾螈。

水蝎

Nepa cinerea

半翅目 18～25mm  成虫期（月）1 2 3 4 5 6 7 8 9 10 11 12

形态特征

身体呈棕色至灰色不等，呈卵圆形且相当扁平。变异后的第一对足是捕食工具，位于身体靠近头部的位置。腹部末端为细长的呼吸管，长10～15mm。

栖息地

淡水生物，经常出现在静水中，如水坑、池塘、沼泽、或流速缓慢的溪流中。

生活习性

这种长相奇特的动物是一种水生蝎蝽！更确切地说，是半水生的，因为它也可生活在陆地上。其用于捕食的镰刀状长足为其赢得了“水蝎子”的名号。它并没有螯针，但有一个喙，用于给猎物“注射”，以便在吸食前使猎物液化。它喜欢藏在植物的水下部分或者泥土中猎食各种幼虫、小昆虫和甲壳类动物。它会定期上升到水面，通过呼吸管收集空气，然后储存在腹部和翅膀之间。

大沼泽蝗

Stethophyma grossum

直翅目 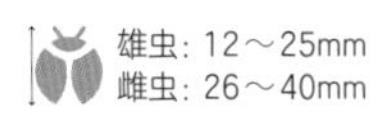

成虫期（月）1 2 3 4 5 6 7 8 9 10 11 12

形态特征

身体大部为黄绿色，颜色多变。有些雌虫身上会有红色斑点，呈现出一种类似于“血染”的外观。它的复翅是深黑色的，两侧均有浅黄色或绿色条纹。最后一对腿的腿节下方是红色的，胫节的末端即为黑色的“爪子”。

栖息地

常见于湿草地、泥炭沼泽和洼地等。

生活习性

也被称作“血蝗”，它对栖息地要求较为苛刻，基本上只出现在阳光充足和植被茂密的湿地。法国大多数省都有它的踪影，甚至可以在海拔高达2000m左右的地方观察到。然而，由于许多湿地的干涸甚至消失，它的栖息地数量大量减少，导致种群数目锐减。

蜉蝣

Ephemera vulgata

蜉蝣目 12～22mm 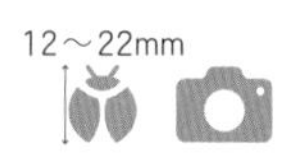 成虫期（月）1 2 3 4 5 6 7 8 9 10 11 12

形态特征

身体弯曲，呈灰黄色。头部和胸部具有铜金色的金属光泽，透明的翅膀上点缀着淡淡的黑点。它的前腿很长，休息时会直立在前面。腹部顶部和侧面饰有深色斑纹，末端为3根长长的尾须（即尾巴）。易与其他种类的蜉蝣相混淆。

栖息地

主要分布于静水，或者流速低缓的溪流中。

生活习性

这些细长的昆虫也被称为“五月蝇”，因其极短的寿命（几小时到几天）而为人所熟知。成虫只为繁殖而活，不进食。雄虫在交配之后会立即死去，雌虫则在产卵之后马上死亡。幼虫的寿命则要长得多，其平均的生长周期达两年。幼虫喜欢生活在河流或池塘的底部，以碎屑为食。

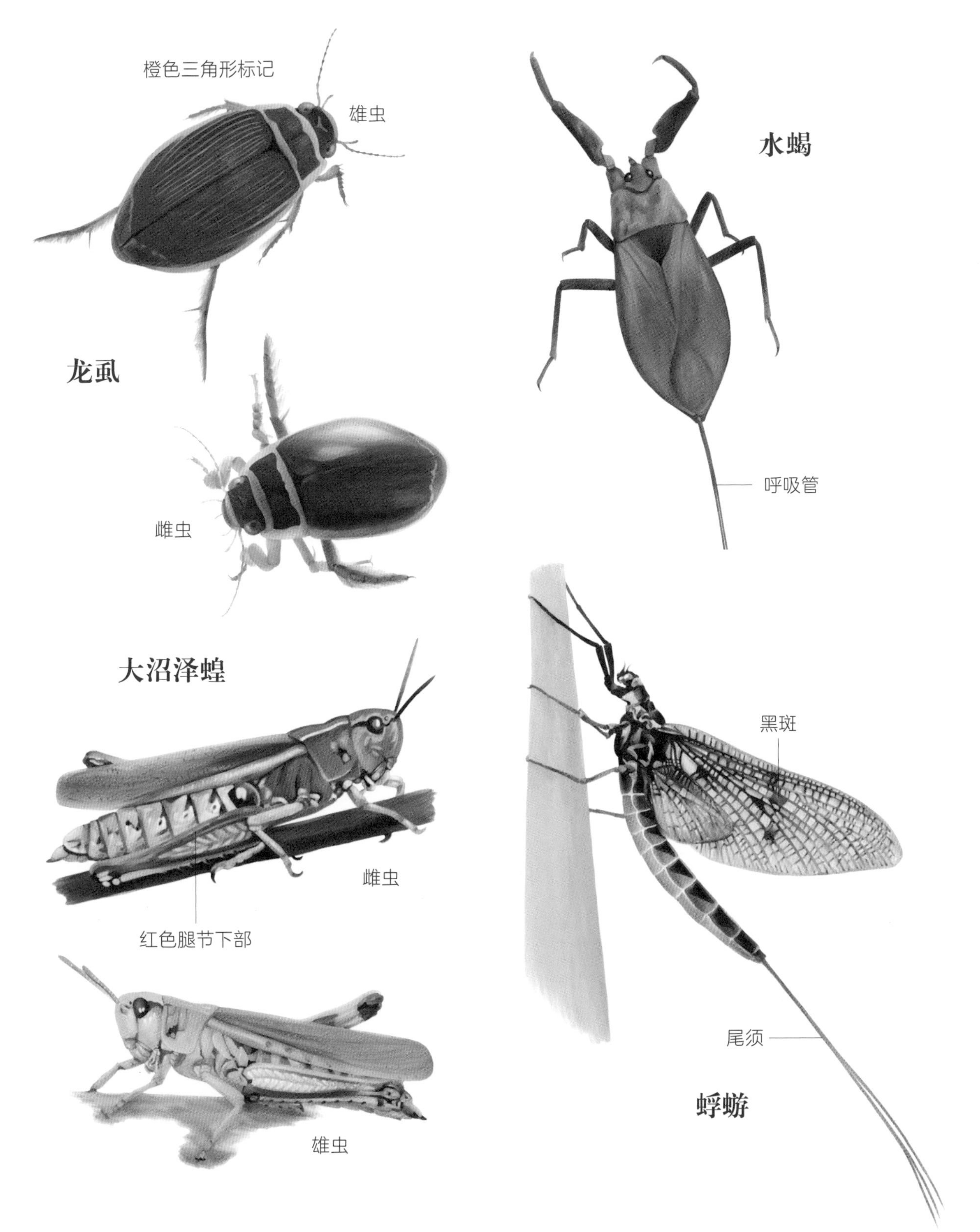
橙色三角形标记
雄虫
龙虱
雌虫
水蝎
呼吸管
大沼泽蝗
雌虫
红色腿节下部
雄虫
黑斑
尾须
蜉蝣

古灰蝶

Lycaena hippothoe

灰蝶科

形态特征

体型小，形似其近亲橙灰蝶，但后者的前翅背面通常为灰色而非橙色，且前翅上面几乎没有黑色的标记。古灰蝶有很明显的两性异形，雌虫的颜色比雄虫更灰暗。此外，阿尔卑斯亚种（*Eurydame*）和汝拉亚种（*Euridice*）之间存在明显的色差，后者雄虫的翅棱上略微有紫色的渲染。

栖息地

在法国主要分布于比利牛斯山到东部地区，在更大范围内，其分布区域穿越欧洲直抵俄罗斯。常见于草地和湿草甸。

生活习性

一年产一代，成虫通常集中出现在每年的6月。其寄主植物通常是酸模（*Rumex* sp.），有时也是拳参（*Bistorta officinalis*）。它以毛毛虫的形态过冬。

红襟粉蝶

Anthocharis cardamines

粉蝶科

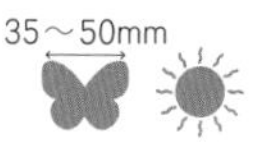

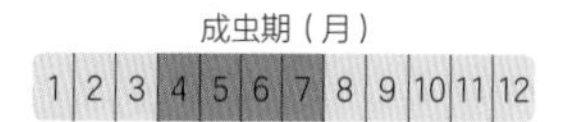

形态特征

有明显的两性异形。翅面一般为乳白色，雄虫前翅前端部分为橙黄色，而雌虫只有翅尖为黑色。雄虫和雌虫后翅背面均呈斑驳的绿色，翅脉为较突出的黄色。雄虫可通过肉眼识别，但雌虫易与端粉蝶属的几种粉蝶或云粉蝶混淆。

栖息地

遍布于法国、西欧和亚洲。常见于林荫道、疏林、林中空地和潮湿的草地。

生活习性

比较常见。雄虫在寻找雌虫时会四处盘旋，很容易被观察到。雌虫喜欢在十字花科植物的叶片下产卵，特别是草甸碎米荠（*Cardamine pratensis*）和葱芥（*Alliaria petiolata*）。卵为橙黄色，幼虫孵化之后以寄主植物的长角豆为食。每年产一代，蛹过冬，成虫有时早在3月中旬即发育成熟。

北冷珍蛱蝶

Boloria selene

蛱蝶科

形态特征

身体以橙色为主，上面装饰着多样的图案，翼缘有一排黑点。后翅背面有橙色、黄色和乳白色斑纹，翅膀基部有一圆形黑斑，翅尖有一排白色斑点。易与单银斑小豹蛱蝶（*Boloria euphrosyne*）混淆。

栖息地

除科西嘉岛和普罗旺斯地区以外，几乎遍布于法国各地。常见于湿草地、沼泽、林边、潮湿的荆棘林和灌木丛等。

生活习性

不善迁徙，很少主动离开栖息地。其幼虫以野生紫罗兰（*viola* sp.）为生，后者通常生长在森林中。一年产两代，其成虫分别出现于5月中旬和8月。

实用知识

在法国，湿地的干涸已经影响到了北冷珍蛱蝶族群的繁衍，特别是在法国北部地区，其中法兰西岛的情况尤为严重，已经威胁到其生存。

伊诺小豹蛱蝶

Brenthis ino

蛱蝶科

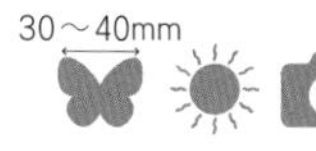

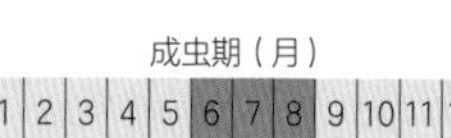

形态特征

上面为橙色，翅膀基部有黑色花纹，边缘有两排黑色圆点。雄虫表面有紫色光泽。后翅背面散布着乳白色、黄色和橙黄色的斑纹，翼缘有眼状黑斑，中间的白色斑纹形似瞳孔。有可能与小豹蛱蝶（*Brenthis daphne*）混淆。

栖息地

几乎遍布于除科西嘉岛和布列塔尼半岛以外的法国各地。常见于水滨、沼泽、林间空地和湿草甸。

生活习性

喜欢生活在狭窄的区域。幼虫生活的寄主植物较多，包括地榆（*Sanguisorba officinalis*）和气味芬芳的旋果蚊子草（*Filipendula ulmaria*）。一年产一代。

实用知识

伊诺小豹蛱蝶属于湿地生态系统的一员，由于栖息地变少，正面临着日益严峻的生存威胁。

古灰蝶
雄虫
雌虫
红襟粉蝶
北冷珍蛱蝶
伊诺小豹蛱蝶

爱珍眼蝶

Coenonympha oedippus

蛱蝶科

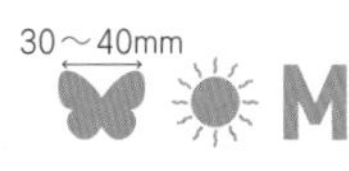

成虫期（月）

1 2 3 4 5 6 7 8 9 10 11 12

形态特征

翅面均为灰褐色，后翅末端有三个外圈为黄色的眼状黑斑。翅膀背面的翼缘部分分布着五到六个眼状黑斑，外圈为淡黄色，中间有白色瞳孔。分布在眼斑两侧的斑带使其更加突出。这些形似眼睛的图案与珍眼蝶的图案非常相似，但后者的眼斑外圈为亮橙色而不是黄色。

栖息地

多分布于法国西南部、中欧、亚洲大陆乃至日本列岛。常见于泥炭沼泽、洼地、草地和潮湿的林间空地。

生活习性

原产于亚洲，目前已经适应了法国当地的气候，特别是大西洋沿岸地区。一般贴地飞行，速度很慢。雌虫会将卵产在天蓝麦氏草（*Molinia caerulea*）上，有时也会在其他喜湿植物上产卵。每年产一代，幼虫过冬。

沼泽豹纹蝶

Euphydryas aurinia

鳞翅目

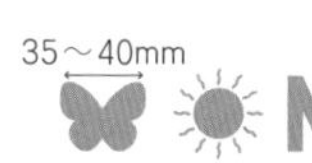

成虫期（月）

1 2 3 4 5 6 7 8 9 10 11 12

形态特征

翅膀主要为淡褐色，饰有米色和黑色图案。后翅正面和背面有一系列连续的黑点，沿橙棕色条纹排列，背面黑点边缘有米色外圈。

栖息地

遍布于除科西嘉岛外的法国本土，但法兰西岛大区的几个省已经不存在可见的族群了。从马格里布地区到亚洲均有分布。常见于湿草地、洼地和泥炭沼泽，或干燥的石灰质草地。

生活习性

沼泽豹纹蝶较为罕见，且数目正在急剧下降。此外，其较短的寿命使得可观察期更短。这种蝴蝶的特殊之处在于，根据其种群的不同，它会选择两种不同类型的栖息地。比如说，所谓的“沼泽型”（aurinia）亚种常出没于潮湿地区，而“非沼泽型”（xeraurinia）亚种则喜欢生活在干燥和阳光充足的地方。其寄主植物主要为欧洲山萝卜在潮湿地区和干燥地区的不同亚种。数量丰富的寄主植物是保证其繁衍生息的必要条件。

链弄蝶

Heteropterus morpheus

弄蝶科 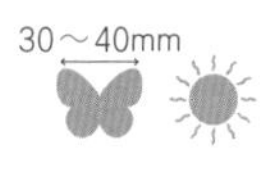 30～40mm

成虫期（月）

1	2	3	4	5	6	7	8	9	10	11	12

形态特征

形态特殊，易于识别。翅膀正面呈深褐色，颜色均匀。前翅上端有少量浅色斑点。翅膀背面图案极具辨识性，橙黄色的背景上饰有多个均匀分布的圆形白斑，外圈有黑色边框。

栖息地

主要分布于法国西半部。欧洲各地和远至日本的亚洲各地也有分布。常见于湿草地、洼地、泥炭沼泽和森林边缘。

生活习性

这一物种有着令人惊异的外观，其学名来源于古希腊神话中的睡眠和梦想之神（译者注：即梦神摩耳甫斯，拉丁语为 Morpheus，链弄蝶的学名即来源于此）。一年产一代，喜欢生活在地势低洼的湿地中。雌虫会将卵产在天蓝麦氏草和其他禾本科植物上。它的毛毛虫会在用丝和树叶织就的茧中过冬。

橙灰蝶

Lycaena dispar

鳞翅目 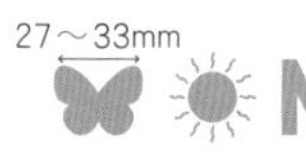 27～33mm

成虫期（月）

1	2	3	4	5	6	7	8	9	10	11	12

形态特征

翅膀上面为铜橙色，每个翅膀上都有一个黑色标记，形似逗号。雄虫翼缘有一条狭窄的黑边。雌虫颜色较深，翼缘黑边较宽，且前翅上有黑色斑点。前翅背面为橙色，带灰色边框，后翅为灰色，带橙色边框。正面看可能会与古灰蝶相混淆（参见第60页），雄虫易与斑貉灰蝶弄混。

栖息地

主要分布于欧亚大陆的温带地区。在法国，除西北部、科西嘉岛和地中海沿岸地区外均有分布。喜欢生活在开阔的湿地环境，如沼泽以及潮湿或易被淹没的草地。

生活习性

形态优美，较为罕见。橙灰蝶以花卉为生，会毫不犹豫地离开原生环境去觅食。它最喜欢的寄主植物是酸模。每年产两代（在法国西南部有时一年能产三代），第一代成虫期为5月到7月，第二代为8月到9月。

白鹭

筑巢期（月）

1	2	**3**	**4**	**5**	**6**	7	8	9	10	11	12

形态特征

身形纤细，体态优雅，全身洁白。在交配季节，枕部垂有两条细长翎作为饰羽（即“冠羽”）。拥有细长黑喙，黑腿，黄脚掌，这些都是该物种的典型特征之一。

栖息地

喜欢生活在湖泊、沼泽、潟湖和其他淡水水域中，因为这些地方的水深能让它捕捉到鱼和青蛙等食物。

生活习性

有时能看到白鹭们成群结队地捕鱼。喜群居，通常会与其他种的鹭在同一片区域筑巢。巢一般位于树木或灌木丛中。

请勿混淆

其近亲大白鹭体型更为高大（高度可达1m，与苍鹭类似），黄喙，更有力，飞翔时的腿也更为突出。胫骨呈黄色，脚趾为黑色。

黑腹滨鹬

筑巢期（月）

1	2	3	4	**5**	**6**	**7**	**8**	**9**	10	11	12

形态特征

春季时，腹部中央黑色，呈大型黑斑，易于识别。胸部有纵纹，上半身红褐色带黑色斑点。在交配季节外，羽毛正面呈灰色，背面白色，对比鲜明，且胸部有纵纹。喙长，呈圆形。飞翔时翅上有显著的白色翅带，白色的尾巴中央有黑色条纹。

栖息地

春天，鹬经常出没于各类沼泽地。冬天时则喜欢待在海岸和池塘中。

生活习性

会进行典型的求偶仪式。雄鸟直立起飞，在空中盘旋并发出响亮的鸣叫声。除筑巢期外，它们喜欢成群生活，有时会有几千只一起在淤泥中觅食。

实用知识

尽管是最常见的欧洲滨鸟，但该物种目前在欧洲已处于易危状态。

加拿大雁

筑巢期（月）

1	2	3	4	**5**	**6**	7	8	9	10	11	12

形态特征

比普通的雁体型更大。头部和颈部呈黑色，与白色的脸颊和胸部形成鲜明的对比，易于识别。背部为褐色，腹部浅褐色。

栖息地

唯一一种在法国筑巢的雁科动物。常见于湖滨和河岸，偶尔也出现在湿地附近的田野中。当然，我们经常会在公园里看到雁，但它们并不是野生的。

生活习性

雁喜欢群居筑巢。

实用知识

原产于北美，最初被引入公园供观赏。之后有个体从英国和瑞典逃到野外，从而开始在欧洲各地繁衍生息。有时也能看到加拿大雁和灰雁之间的杂交个体。

凤头䴙䴘

筑巢期（月）

1	2	**3**	**4**	**5**	**6**	**7**	**8**	**9**	10	11	12

形态特征

因其黑色羽冠以及交配季节出现在头顶、形似皇冠的橙红色环状皱领而得名。眼睛呈红色，脸颊和喉部羽毛为白色。背部呈深褐色，腹部为白色，两肋为淡红色。在交配季节之外，我们可以通过其纤细的轮廓、头顶的束羽冠，以及长而锋利的粉红色喙来识别它。

栖息地

常见于各类淡水水体，如湖泊、池塘和河流等。

生活习性

极善水性，能长时间潜入水底捕鱼。

实用知识

求偶仪式非常优雅。雄鸟和雌鸟会面对面地同步起舞，然后摇头、起立、潜水并互赠植物等。

白鹭
白鹭
大白鹭
繁殖羽
黑腹滨鹬
冬羽
加拿大雁
繁殖羽
（环状皱领）
凤头䴙䴘
求偶仪式
身披冬羽

绿头鸭

筑巢期（月）

1	2	**3**	**4**	**5**	**6**	**7**	**8**	9	10	11	12

形态特征

在交配季节，雄鸟头部呈绿色，具有辉亮的蓝色金属光泽。颈基有一白色领环，胸部为浓栗色。喙橙黄色，腿则为亮橙色。尾巴为黑白色，其余部分则大多为灰米色。雌鸟呈一种更加不起眼的斑驳棕色，但有亮橙色的喙和腿。两翅灰褐色，翼镜呈金属紫蓝色。

栖息地

喜欢栖息在湖泊、沼泽和河口以及带池塘的城市公园。

生活习性

绿头鸭在“潜水”时只会将头浸入水中，而臀部则留在水面上，据说这是在“扑水”。一年中冬天最常见，鸭群会聚集在水面上进行求偶仪式。

赤颈鸭

筑巢期（月）

1	2	3	4	**5**	**6**	**7**	8	9	10	11	12

形态特征

春天时，雄鸟头部、胸部为棕红色，额头部分则为耀眼的金黄色。身体的其他部分为灰色。飞翔时，翅膀两侧上部的白色覆羽十分显眼。尾巴很尖。在交配季节之外，雄鸟的身体大部分为砖红色，额头上不再有任何黄色。雌鸟通体棕褐色，灰蓝色的喙有着黑色的尖端。雌鸟和雄鸟的腹部均为纯白色。

栖息地

主要栖息在淡水湖泊、河流、海滩、河口和潮湿的草地上，但从来不会出现在开阔海面。

生活习性

喜欢成群结伙。飞行时很具辨识度，经常快速变换高度和急转弯。

实用知识

因其悠扬悦耳的叫声而闻名，喜欢在日出和日落时鸣唱。

疣鼻天鹅

筑巢期（月）

1	2	3	**4**	**5**	6	7	8	9	10	11	12

形态特征

一年中极易识别、且知名度很高的物种之一。全身羽毛洁白，形态优雅，有着长长的颈部，弯曲时略似S形。游泳时会收起次级飞羽。喙橙色，靠近前额的地方有一块瘤疣的突起。飞翔时会像鹅一样将脖子向前伸展，羽毛拍打的声音很有辨识度。

栖息地

常生活在有水面的公园、湖泊、池塘和河流中。

生活习性

胆大，常成群活动，并与其他的鸟类一起生活。它会将脖子和喙伸入水中觅食。

请勿混淆

小天鹅的特点是它的脖子更直（而不呈S形），且喙的基部有黄斑，喙尖则为黑色。

骨顶鸡

筑巢期（月）

1	2	**3**	**4**	**5**	**6**	**7**	**8**	**9**	10	11	12

形态特征

体羽呈暗黑色，喙为白色，雄鸟和雌鸟均有白色额甲。眼睛为暗红色，腿黄色，脚趾则为蓝色。

栖息地

喜欢生活在有水生植物的湖泊、池塘和河流中。

生活习性

常成群结队，但筑巢期除外，因为此时它会因为捍卫巢穴而充满攻击性。有着极具辨识度的起飞方式，因它需要通过用爪子在水面上助跑十数米才能起飞。

请勿混淆

黑水鸡全身羽毛也为黑色，但其背部下方为棕色，且两胁具宽阔的白色纵纹。喙和额甲为红色，而喙尖则为黄色。常生活在湖泊等水体中，但也出没于草坪和公园。

赤颈鸭
雄鸟
雌鸟
雄鸟
绿头鸭
雌鸟
疣鼻天鹅
小天鹅
骨顶鸡
黑水鸡

白眉鸭

65cm

筑巢期（月）

1	2	3	4	5	6	7	8	9	10	11	12

形态特征

雄鸟具白色眉纹，宽而长，从眼睛开始一直延伸到颈背，极为醒目。这一繁殖羽是该物种的典型特征。头部、颈部和胸部的其余部分为深棕色。腹部呈浅灰色，与前后的暗色形成鲜明对照。雌鸟在飞行时两翼会露出同样的白色条纹。眉纹也为白色，但不及雄鸟显著。

栖息地

常见于湖泊和沼泽。

生活习性

会在每年8月到9月迁徙到非洲，并在次年的2月下旬到4月下旬之间返回法国。白眉鸭很少成大群活动。

请勿混淆

绿翅鸭尾部呈明黄色，头至颈部为深栗色，头顶两侧有着镶白边的绿色带斑，形似“面具”。这是其繁殖羽形态，几乎不可能同白眉鸭混淆。另外，绿翅鸭胸部羽毛为粉红色。其余部分为灰色。在交配季节之外，可以通过绿翅鸭飞行时露出的镶有白边的翠绿色翼镜来识别。

飞行中的白眉鸭

绿翅鸭

普通翠鸟

16cm

筑巢期（月）

1	2	3	4	5	6	7	8	9	10	11	12

形态特征

小型鸟类（只有麻雀大小），通常只能看到一个蓝色的小球飞快地掠过水面。可以通过其靛蓝色的背部和尾部来识别。翠鸟的喉咙和脸颊是白色的，腹部则为橙红色。它有着橙黑色的喙，长且锋利。

栖息地

常见于鱼类丰富的水域（如池塘、湖泊、江河和急流等），甚至在激流中也能觅食。冬天时常出没于海岸边。

生活习性

翠鸟很凶，绝不会让人靠近。它喜欢停在悬于水面的树枝上。它等待着，像闪电一样潜入水中，然后叼着猎物飞出水面。

实用知识

在筑巢期，成鸟每天可捕获多达70条鱼来喂养幼鸟。

普通鸬鹚

筑巢期（月）

1	2	3	4	5	6	7	8	9	10	11	12

形态特征

通体黑色，头颈具紫绿色光泽，两肩和翅具有青铜色光彩。喙长且末端呈钩状，基部有黄斑。繁殖期间喉咙和腿的上半部分为灰色。

栖息地

常成群生活，出没于海边悬崖、河岸，以及湖滨和溪流沿岸的树木丛。

生活习性

飞行时，脖子笔直向前。常成群结队在相当高的天空中飞行，队伍呈V形。擅长捕鱼，能够长时间潜入深水中。潜水时首先半跃出水面，再翻身潜入水下。经常能看到鸬鹚站在木桩上，长时间伸展双翼——这是在晒翅膀。

实用知识

在亚洲，鸬鹚会被用来捕鱼：人们会将它先“拴在绳子上”，鸬鹚则会被迫将捕获到的鱼反刍在船上。它每年能捕获大约250kg鱼，其种群的扩大会威胁到某些稀有鱼类的生存。

红嘴鸥

筑巢期（月）

1	2	3	4	5	6	7	8	9	10	11	12

形态特征

背部羽毛呈银灰色，翼尖为黑色。胸部和腹部的羽毛洁白。喙呈红色，喙尖为黑色。在交配季节，头部到颈部均为黑色。平时头部为白色，两侧脸颊眼睛后面均有黑色标记。飞行时会露出黑色的翼尖，但相邻羽缘部分呈白色（翅膀上方和下方均如此）。

栖息地

红嘴鸥喜欢栖息在海岸和内陆水体（如湖泊和池塘等）附近。偶尔也出没于田野间。

生活习性

经常成群活动。并不害怕人类，而且已经习惯在垃圾堆中觅食。红嘴鸥的寿命可长达30年。

第三章

森林

在森林中徜徉，邂逅高大的树木……进入树林中，丈量着一个新世界，这是一个被树根和树冠界定的宇宙，是众多昆虫、鸟类和哺乳动物的家园。你会突然想爬到树上加入它们，去过在树枝上保持平衡的生活。

你藏在森林中，还没等到看到任何别的生物，就已经被这个地方生机勃勃的声音所吸引——地上的枯枝突然开裂，树叶在沙沙作响，树干上传来鸟儿啄食的响声……毫无疑问，这个地方有很多居民，甚至连你也会想在这儿建一个林中小屋。

去倾听森林的呼唤吧。扎根于地，花儿垂枝，这棵树叫什么名字？高处歌唱的鸟儿又是谁？还有，这些藏在枯叶里的蘑菇，它们能吃吗？

欧洲红豆杉

Taxus baccata

花期（月）

针叶树   1 2 3 4 5 6 7 8 9 10 11 12

形态特征

中等大小，树干短而多节，最高可达25m，但通常较为矮小。寿命可长达几千年。树皮呈红褐色，会剥落成细小的鳞状碎片。叶片小（约2cm×3cm），深绿色，柔韧且有弧度，表面有光泽。叶片生长在主枝和侧枝上。果实为红色小浆果，果核大且可以透过果肉看见。

栖息地

在野外几乎随处可见，法国西北部尤其多。常见于公园、花园和墓地。

实用知识

小心，全株均有剧毒，鸟类只会吃果肉。欧洲红豆杉曾经非常常见，但长期以来一直被人类砍伐，一方面是为了保护牲畜，另一方面是作为硬木而被开发利用。目前已经成为保护物种。

海岸松

别称朗德松

Pinus pinaster

花期（月）

针叶树  1 2 3 4 5 6 7 8 9 10 11 12

形态特征

有时会因树龄的增长而不规则地倾斜。高度可达30m。树皮呈深灰棕色，会随树龄增长而开裂成大片鳞片。针叶两针一束，硬而长（10～25cm），颜色从绿色到灰绿色不等。春天开花，花朵为橙黄色。球果呈圆锥状，长10～20cm，红棕色，可以在树上保存两年。

栖息地

自然分布于法国地中海沿岸地区和朗德省。也作为经济林木栽培，但不能承受极端寒冷。

实用知识

自19世纪以来，海岸松一直被用于在阿基坦盆地的植树造林，以固定沙丘和沙质沼泽。

欧洲山杨

别称杨树

Populus tremula

花期（月）

阔叶树   

1 2 3 4 5 6 7 8 9 10 11 12

形态特征

树高，树干笔直纤细，可长到30m高，但寿命较短。新树枝叶繁茂。幼树树皮光滑，呈乳白色，随着树龄的增长，会变成菱状条纹，而且慢慢变得粗糙，呈灰色。叶片小（4～8cm），春天时为铜绿色，夏天变成深绿色，秋天则为黄色。叶缘具疏齿，圆形。芽长而尖，互生。穗状花序，雄花呈淡红色，雌花则为灰白色。果实白色，蓬松，随风飘散。

栖息地

广泛分布于法国各地。常见于新生林或林缘，可生长在海拔高达2000m的山区。

实用知识

欧洲山杨的叶子很容易随风抖动，法文中称其为“颤抖树”（译者注：即tremble，法文原意为颤抖）。

欧榛

别称榛树

Corylus avellana

花期（月）

阔叶树    1 2 3 4 5 6 7 8 9 10 11 12

形态特征

植株较矮小，多为灌木或小型乔木，最高可达15m。基生枝众多，簇生，树干笔直。树皮光滑，呈褐色，会随着树龄的增长而开裂。叶卵形或倒卵形，易弯曲，边缘有不规则锯齿，顶端突然变尖。冬末，在叶子萌发之前开花，花朵下垂，呈淡黄色。榛果被肉质外壳包裹着，很受啮齿动物和鸟类的欢迎。

栖息地

相当常见，多生活在树林或树篱中，有时也会在灌木丛中看到。喜肥沃土壤。

实用知识

很多神话中都有提到榛子树，据说它有魔力。德鲁伊和卜测地下水源的术士会借助它的树枝施法，甚至还有传说称女巫扫帚的把手就是用欧榛的枝条做成的。

欧洲红豆杉
海岸松
欧洲山杨
欧榛
树皮

阔叶椴

Tilia platyphyllos

阔叶树  40m 

花期（月）

1	2	3	4	5	6	7	8	9	10	11	12

形态特征

圆顶，姿态雄伟，可高达40m。树皮呈灰色，幼时光滑，随后长出细长的纵纹。叶片大（8～10cm），深绿色，略被毛，边缘有锯齿，圆卵形，顶部尖且凸出。花朵下垂，有5枚黄白相间的花瓣，香气四溢。果实小，球形，略被绒毛，上有5条突出的纵棱。

栖息地

在法国东部和比利牛斯山地区有野外分布，但不见于地中海地区。公园和花园的林荫道旁常有栽培。

实用知识

在德国，日耳曼人会在椴树下开设法庭，伸张正义。将阔叶椴的花收集起来干燥之后，可以制成极好的花茶。

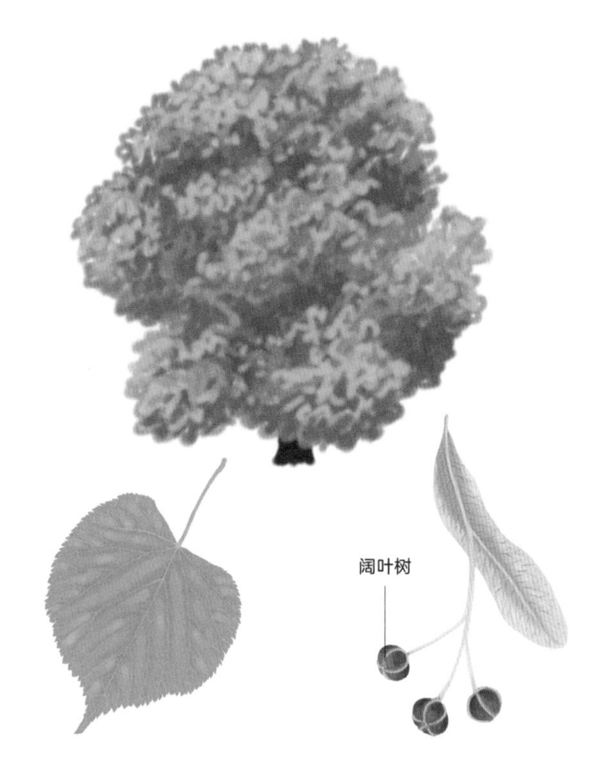

心叶椴

别称欧洲小叶椴

Tilia cordata

阔叶树  30m 

花期（月）

1	2	3	4	5	6	7	8	9	10	11	12

形态特征

与阔叶椴类似，心叶椴也有圆顶，植株高大，可达30m。树皮呈灰色，幼时光滑，随后长出细长的纵纹。叶片比阔叶椴的小（不到8cm），圆卵形，边缘有锯齿，顶部尖且凸出。绒毛较少，仅在叶脉相交处略被毛。花黄色，也有5瓣，气味芬芳。果实小，球形，光滑无棱纹。

栖息地

常见于法国东部的野外。喜略阴凉且肥沃的土壤，不耐热。通常被种植在公园和花园的林荫道旁。

实用知识

心叶椴和阔叶椴之间很难分辨，特别是两者还可以杂交。心叶椴的果实光滑没有棱纹，叶片更小且绒毛更为稀疏。

白面子树

别称阿尔卑斯花楸树

Sorbus aria

阔叶树  

花期（月）

1	2	3	4	5	6	7	8	9	10	11	12

形态特征

植株矮小，树干短，最高可达20m。幼树树皮为灰色，成年后树皮会开裂。叶片宽阔，大约10cm长，叶面绿色，边缘有锯齿，背面多白色绒毛，且有突出的叶脉。春天开花，花白色，见于枝头。果实簇生，外表红色，果肉为黄色粉状，每颗果实都有两粒种子。可食用，但味道不佳。鸟类喜食。

栖息地

常见于法国东部地区，多生长于山区。

实用知识

早霜之后可将果实收集起来制成果酱。

欧洲栗

Castanea sativa

阔叶树 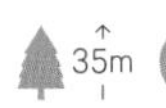 

花期（月）

1	2	3	4	5	6	7	8	9	10	11	12

形态特征

树干细长，植株高大，可达35m。寿命长，有的甚至能活到几千岁！幼树的树皮光滑，呈棕绿色，成年后树皮会变成深棕色并垂直开裂。树龄较长的往往盘虬卧龙。叶片长而窄，呈披针形，叶缘带锯齿。栗子外层有壳斗，上面覆盖着软绿色的刺，并会逐渐变成褐色。野猪喜食。

栖息地

除地中海沿岸的干燥地区外，广泛分布于法国各地，有的地方有成片种植的栗树林。

实用知识

自古以来即有栽培。在有的地方，栗子甚至取代了谷物在饮食中的地位。

欧洲鹅耳枥

Carpinus betulus

阔叶树 

花期（月）1 2 3 4 5 6 7 8 9 10 11 12

形态特征

高大乔木，最高可达30m。通常树干细长，树枝轻盈。树皮光滑，呈灰褐色，有水平条纹，随着树龄增长会出现垂直裂缝。叶子长10cm左右，边缘具密集锯齿，顶端尖。叶脉十分明显。春天开花，花朵为黄色，多下垂。种子椭圆形，绿色，位于约3cm长的三裂小叶（即“苞片”）基部。

栖息地

常成片分布（鹅耳枥林），生长在除地中海沿岸的法国东部和北部地区。

实用知识

木材适合制成手工艺品，十分抢手。也可作为上好的燃料使用。

欧洲野苹果

Malus sylvestris

阔叶树 

花期（月）

形态特征

树冠开阔，常有多个主干，高度可达16m。幼树可能有刺，枝杈浓密，形似荆棘。树皮为棕色，有鳞片，垂直皲裂。叶片有光泽，上有褶皱，卵圆形，边缘有锯齿，长度不超过6cm，几乎不被毛。开白色或粉红色花不等。果实既硬且小，直径不到6cm，很酸。野苹果冬天会掉落在地上，成为鸟儿们和野猪的美餐。

栖息地

多生长在疏林或者森林中，海拔不会太高。在法国南部很少见。

实用知识

欧洲野苹果并不是目前广泛栽培的苹果树的祖先。遗传学研究表明，后者是由来自哈萨克斯坦的变种驯化而来的。

冬青栎

别称圣栎

Quercus ilex

阔叶树 

花期（月）1 2 3 4 5 6 7 8 9 10 11 12

形态特征

中等乔木，平均树高可达25m，寿命可达上千年。树皮呈灰黑色，随着树龄的增长会出现皴裂。叶子呈深绿色，椭圆形，宽度不一，幼叶有刺。背面多绒毛，呈奶白色。果实称橡子，长1.5～3cm，端部有光滑的帽子，起保护作用。双生，梗（茎）短小。

栖息地

原产于地中海沿岸地区，十分普遍，目前也已在法国西南部海岸广泛分布。由于其耐火的特性，常被用于植树造林。

实用知识

冬青栎是西班牙栓皮栎的近亲，后者是制作酒瓶上软木塞的原材料。

欧洲甜樱桃

别称车厘子

Prunus avium

阔叶树  

花期（月）1 2 3 4 5 6 7 8 9 10 11 12

形态特征

一有机会，欧洲甜樱桃就会横向发育，用下垂的枝条占据生长空间。生长速度快，植株最高可达30m，但寿命不长。树皮呈灰色，略带紫色，会在水平方向成带状剥落。叶片大，暗绿色，长度可达10cm，边缘有锯齿。叶柄（茎）很长，基部有两个红色的腺体（即蜜腺）。花朵繁盛，颜色洁白。果实甜，有微苦，很受鸟类欢迎。

栖息地

除地中海地区外，它在整个法国都很常见。通常种植在花园或果园中。

实用知识

我们常见的樱桃树是欧洲甜樱桃的栽培种，经过培育之后果实更大、更抗病害。

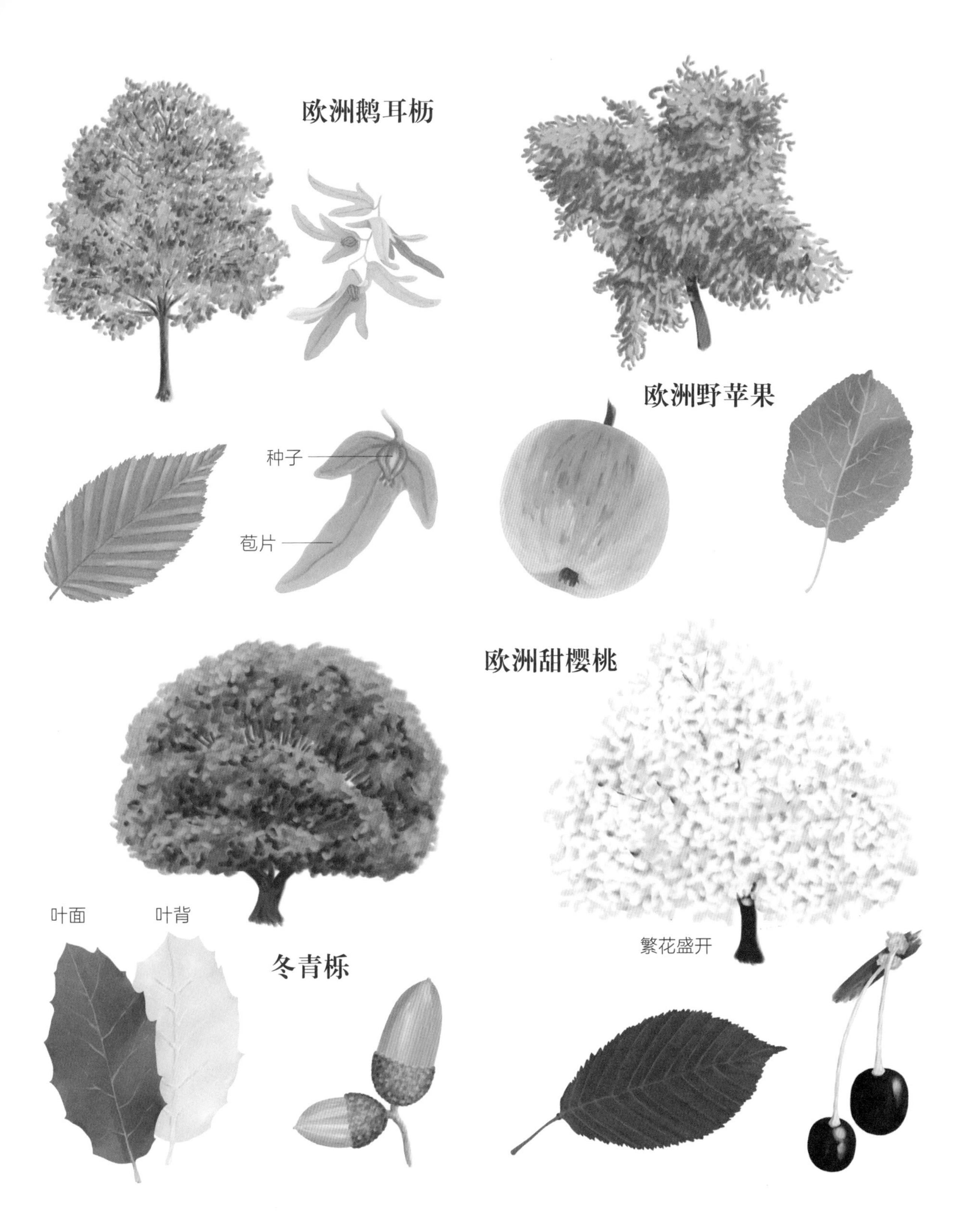
欧洲鹅耳枥
种子
苞片
欧洲野苹果
欧洲甜樱桃
繁花盛开
叶面
叶背
冬青栎

锦熟黄杨

Buxus sempervirens

阔叶树  

花期（月）

形态特征

常绿灌木或小乔木，枝杈浓密，最高可达12m。叶子茂盛，茎秆弯曲。生长缓慢，可以存活几个世纪。树皮呈米灰色，粗糙且有裂纹。叶子很小，无柄（茎），根据气候不同长度为1～3cm。多为椭圆形，柔韧光滑有光泽，嫩叶浅绿，老叶深绿。蒴果三脚鼎状，初结时呈绿色，成熟后变成棕褐色，直径约1cm。

栖息地

常见于公园和花园中，经常被修剪成树篱。野外也有分布，多见于法国南部地区和罗讷河谷。

实用知识

黄杨木蛾的幼虫对欧洲的黄杨树族群造成了严重的破坏。

夏栎

Quercus robur

阔叶树 

花期（月）

1 2 3 4 5 6 7 8 9 10 11 12

形态特征

大型乔木，姿态雄伟，高度可达35m，并可存活数千年。枝条蜿蜒盘旋，叶子簇生。幼树树皮光滑，呈灰色，随着树龄的增长，树皮会呈现出明显的粉红色皲裂。树叶为深绿色，长椭圆形裂叶，边缘有不规则深凹，十分显眼。很少或没有叶柄（茎）。夏栎在60岁时才会结橡子，1.5～3cm长，双生于长果柄（茎）上，因而又名“长柄栎”（译者注：法文原名为Chêne pédonculé，意为长着长果柄的栎树）。

栖息地

是法国的常见树种，但由于需水量大，不见于法国南部阿尔卑斯山地区和地中海沿岸。可生长在海拔高达1000m的山地。

实用知识

夏栎因富含单宁而常被用来制作酒桶。

黄花柳

别称寒柳

Salix caprea

阔叶树 

花期（月）

形态特征

中型乔木，有拱顶，最高可达20m。生长速度快，但寿命不长。幼树树皮光滑，呈灰绿色，成年之后变成灰色，并皲裂成小菱形。叶子比其他柳树更宽，叶面有褶皱，背面被灰色绒毛，顶端尖，叶缘呈锯齿状。雌花和雄花分别结黄色或银白色的柳絮。果实簇生，呈荚荑状，种子微小，呈絮状，借助风力传播。

栖息地

野生于法国各地，海拔2000m处仍可生长。

实用知识

花期早，极受蜜蜂喜爱。

无梗花栎

别称岩生栎

Quercus petraea

阔叶树 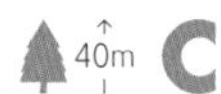 

花期（月）

1 2 3 4 5 6 7 8 9 10 11 12

形态特征

大型落叶乔木，高度可达40m，树干直径可达1m，可以存活数百年。树枝和树叶看上去比夏栎更整齐。与后者一样，无梗花栎幼树树皮光滑，呈灰色，随着树龄的增长，树皮会呈现出明显的粉红色皲裂。椭圆形裂叶，深绿色，边缘的凹陷比夏栎浅，有一个1～2cm长的叶柄（茎）。与夏栎不同的是，无梗花栎的橡子直接生长在树枝上，没有果柄（即“无梗”）。

栖息地

除地中海沿岸和阿基坦盆地之外，在法国其他地区均很常见，海拔1600m处仍可生长。

实用知识

无梗花栎木曾经是海船和大型舰船构架不可或缺的良材。

夏栎
锦熟黄杨
长果柄
短叶柄
（茎）
黄花柳
无梗花栎
葇荑状柳絮
无梗
长叶柄（茎）

欧梣

Fraxinus excelsior

阔叶树  40m

花期（月）

1	2	3	4	5	6	7	8	9	10	11	12

形态特征

大型落叶乔木，枝叶稀疏，高度可达40m。树皮粗糙，浅灰色，垂直开裂成鳞片状。羽状复叶对生，叶片大，有十数片小叶，叶尖，边缘有锯齿，深绿色，被绒毛。芽黑色，一年中大部分时间均可见。花开于枝丫末端，带紫色。翅果，小而扁平，绿色，冬季变成褐色，有3～4cm长的翅膀，可以更好地借助风力传播。

栖息地

在除地中海沿岸的法国各地都很常见。

实用知识

欧梣是硬木，可用于制作高级细木器或各类工具的手柄。叶子可用来制作传统的发酵饮料欧梣酒。

栓皮槭

别称栓皮枫

Acer campestre

阔叶树 

花期（月）

1	2	3	4	5	6	7	8	9	10	11	12

形态特征

小乔木，多分枝，高度可达15m。树皮呈浅棕色，表面有矩形的小鳞片。叶子深绿色，较小（8～10cm长），有3～5个裂片，末端圆形，背面颜色较浅，叶脉周围略被毛。花朵呈黄绿色，春天时和新叶同时萌发。果实为翅果，双生，浅绿泛红。下落时会旋转，这能减缓其下落速度，有助于风将其吹散。

栖息地

除地中海沿岸很少见之外，栓皮槭在法国其他地方均很常见。

实用知识

俗称“母鸡树”，因其枝丫是很好的栖架。

挪威枫

别称白枫

Acer platanoides

阔叶树  30m

花期（月）

1	2	3	4	5	6	7	8	9	10	11	12

形态特征

大型乔木，枝叶茂密且规整，高度可达30m。树皮呈灰色，有小纵纹。掌状裂叶，深绿色，对生于枝杈上，边缘有锯齿，齿尖呈丝状。秋天时树叶会变成明黄色。春天，花与新叶同时萌发，花朵黄色。翅果双生，小而扁平，每颗都有一个翅膀。

栖息地

通常种植在公园和花园中，但法国东北部的山区也有野生植株。

实用知识

叶子与糖枫十分相似，后者是加拿大的象征，出产枫糖。

岩槭

别称假挪威枫

Acer pseudoplatanus

阔叶树  40m 

花期（月）

1	2	3	4	5	6	7	8	9	10	11	12

形态特征

高大的落叶乔木，树干细长，生长速度快，高度可达40m。枝条笔直，树冠多分枝。树皮光滑，呈灰色，随着树龄增加会皲裂成小块。掌状裂叶，对生，叶片大，有不规则锯齿，末端可能近圆形。嫩叶橙黄色，然后是淡绿色，最后变成深绿色。翅果，果实双生，绿褐色，每颗都有一个翅膀，这可以减缓其下落速度，有助于被风吹散。

栖息地

大量种植于花园和公园，野外也有生长，特别是法国东部地区和山区。

实用知识

木质硬且均匀，常用于制作高级木器和弦乐器。

探索：

苔藓与地衣

虽然我们需要弯下腰才能更好地观察它们，但是真的很值得！苔藓和地衣是植物界的开路先锋，是早先出现在陆地上的生物之一。它们能适应最极端的环境，是不毛之地的拓荒者！

地衣，一种共生体

地衣是藻类和真菌共生的复合体。真菌会为共生的藻类提供所需的矿物盐和水，作为交换，藻类则为它提供通过光合作用产生的糖分。这种共生关系能让地衣在极端环境下（如高山和沙漠等）存活，而构成地衣的藻类和真菌在这类环境下均不能单独生存。在无机环境下，地衣会和苔藓一道，成为首先出现的生物。地衣可分为三种类型：一种是壳状地衣（1），植物体扁平成壳状，牢牢地附着在基质上，有的甚至伸入基质中，因此很难剥离；一种是叶状地衣（2），顾名思义，它们形似薄片或裂叶，通过几个着力点附着在基质上；最后是枝状地衣（3），通常直立或悬挂，并且分枝，由单点固定。

实用知识

地球上陆地表面6%以上均被地衣覆盖，它们可以存活数千年。

苔藓，来自4亿年前的古老生物

苔藓（4）是一种小型高等植物，结构简单，主要由可进行光合作用的细胞构成，这使它们能通过光获取必要的营养。与树木或开花植物不同的是，它们没有专门用于从土壤中吸收水分和养分并进行传导的维管组织。因此，它们会像海绵一样吸收水和养分。这种需水的特性让它们不能冒险长高。苔藓由茎和叶组成，通过假根固定在基质中，有时包含孢子的孢蒴上会生长原丝体（5）。广泛分布于除海洋环境以外的全球各地，从赤道到极地均可生存，甚至还是南极大陆的主要居民。

实用知识

苔藓可以忍受长时间的干旱。据说，一份苔藓标本，在被水润湿之后又重新恢复了生机！

松乳菇

别称美味松乳菇

Lactarius deliciosus

生长期（月）

1	2	3	4	5	6	7	8	9	10	11	12

形态特征

表面橙黄色，颜色特别，易于辨认。随着时间的推移，会慢慢生出绿斑，直至全绿。菌盖呈中凹形。菌褶密，橙色。菌脚短，会慢慢变得中空。硬而脆的菌柄会流出一种红色乳汁，极具辨识性。

栖息地

常见于松林中的草地。

请勿混淆

请勿将松乳菇同另一种不可食用的乳菇弄混，后者颜色更黄且不会变绿（即鲑色乳菇）。另外，勿与绒毛乳菇相混淆，这是一种有毒的乳菇，菌盖白色，上有绒毛。

实用知识

也许松乳菇并不如其别名所说的美味？不管怎样，有人可能会喜欢它浓重的松香味。

美味齿菌

Hydnum repandum

生长期（月）

1	2	3	4	5	6	7	8	9	10	11	12

形态特征

特征明显，很难同其他危险菌种混淆。菌盖柔滑，呈白色，肉质紧凑。菌盖下面覆盖着刺状菌褶，是该菌种的特征之一。菌柄粗壮，裂口处为褐色，形似果肉；时有簇生。肉质脆，无特殊气味。

栖息地

见于各类潮湿的阔叶林。

实用知识

美味齿菌是一种上佳的配菜，可以与多种菜肴搭配。建议食用前将刺状菌褶刮干净。气温下降时会成群生长。

青黄蜡伞

Hygrophorus hypothejus

生长期（月）

1	2	3	4	5	6	7	8	9	10	11	12

形态特征

子实体较小或中等大小，菌盖直径4～6cm，盖缘薄，橄榄色，略透明，可看到淡黄色的菌褶。颜色特别，因此被命名为青黄蜡伞。菌柄基部也为淡黄色，然后慢慢变成橙黄色。肉质细嫩，味甘，无特殊气味。

栖息地

喜欢生长在针叶林，特别是松树下的草地。

实用知识

可食用，但味道一般。生长于深秋，可能是该季节中最后出来的菌类。

缘纹丝膜菌

Cortinarius praestans

生长期（月）

1	2	3	4	5	6	7	8	9	10	11	12

形态特征

很有辨识度：子实体大，可以长到25cm高，菌盖直径可达30cm，初呈半球形，后慢慢展开，颜色为红棕色或棕褐色，边缘有细沟条纹。菌褶为赭石色，菌柄基部白色中透着淡紫色，初期有菌膜。菌肉污白色，厚，略有香气。

栖息地

多生长于石灰质土壤的山毛榉林中，群生，呈仙女环分布。

实用知识

本物种是丝膜菌属中最美味的。建议幼时食用，因为幼菇肉质更嫩。只需采集菌盖，然后像西红柿一样做成馅料（先煎成金黄色，然后放入烤箱中烹制）。

松乳菇

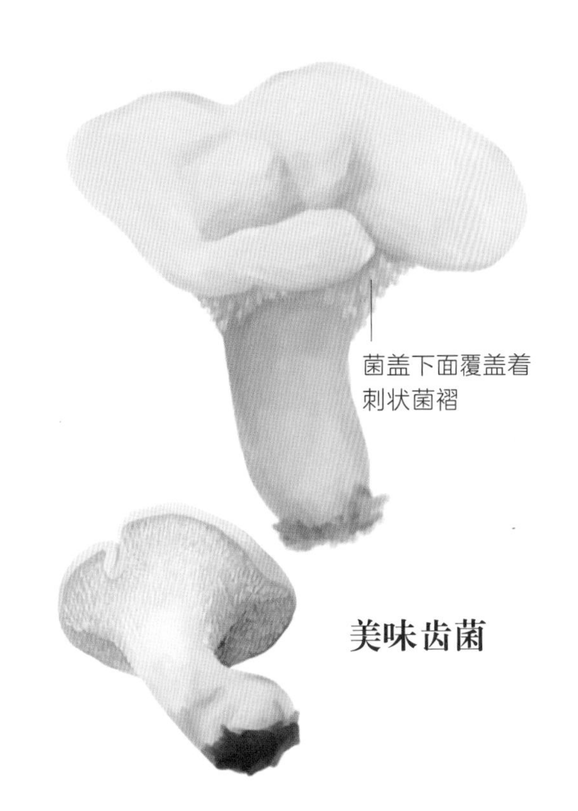

美味齿菌

青黄蜡伞

缘纹丝膜菌

牛舌菌

Fistulina hepatica

生长期（月）

1 2 3 4 5 6 7 8 9 10 11 12

形态特征

形状独特，重量可达1kg，宽度为10～15cm，长5～20cm。常无柄，血红色，老熟时呈暗褐色。菌管细，密集排列在菌盖下，管口奶白色，可像牙刷的刷毛一样各自分离。菌肉软而重，切开后会流出红色的液体。

栖息地

主要生长于栗树和橡树的树干或树桩上，其生长处的木质会腐烂。

实用知识

幼时味道最佳，食用时需将菌膜去掉。

毛柄库恩菇

Kuehneromyces mutabilis

生长期（月）

1 2 3 4 5 6 7 8 9 10 11 12

形态特征

很容易识别。菌盖呈凸面状（直径2～5cm），蜜桂色，边缘呈半透明状。片状菌褶，初时近白色，后为锈褐色。菌柄长，略弯曲，中空，基部变黑，菌环以上部分有鳞片。

栖息地

常生长于阔叶树的树干和树桩上，较少出现于针叶林。

实用知识

在烹饪中很受欢迎，可做成美味的汤或酱汁。

平菇

Pleurotus ostreatus

生长期（月）

1 2 3 4 5 6 7 8 9 10 11 12

形态特征

特征明显，不易混淆。菌盖潮湿，呈贝壳状，直径6～12cm，颜色从黑紫色到灰色再到浅棕色不等。菌褶白色或粉红色，菌柄侧生或偏生。菌肉结实，颜色洁白，气味宜人。广泛流行于世界各地，是备受喜爱的食用菌种，可在杨木上种植培育。

栖息地

多生长于树干或树桩上，多群生，横向分枝，菌柄从基部侧生或偏生。常见于杨树林、胡桃林、橡树林和山毛榉林中。

实用知识

切好后，加入2大勺橄榄油使其上色。加入2瓣大蒜、1大束欧芹、盐和胡椒少许，放入锅中炖15分钟。

棕灰口蘑

Tricholoma terreum

生长期（月）

1 2 3 4 5 6 7 8 9 10 11 12

形态特征

菌盖呈中凸形锥状，无黏液，直径为4～8cm。菌盖易裂，表面覆盖着暗灰褐色纤毛状小鳞片。片状菌褶，成熟时白色变为黑色。菌柄基部纤维化，柔软易碎，污白色。菌肉白色，亦柔软易碎，运输难度大。

栖息地

松林中很常见。

实用知识

此菌幼时味道甚佳，成熟之后柔弱易碎，不易食用。

牛舌菌

生长在树干上

毛柄库恩菇

平菇

菌盖光滑，呈灰色，
常有裂纹

棕灰口蘑

黑牛肝菌

别称黑盖菌

Boletus aereus

生长期（月）

1	2	3	4	5	6	7	8	9	10	11	12

形态特征

非常受欢迎，因为它是最容易识别的牛肝菌。菌盖全黑，初时呈圆形，成熟后变为凸面形；触感干燥，阴天略湿。像牛肝菌属的其他种一样，菌褶呈管状，集束下垂。菌柄大，基部膨胀，成熟时会变长。菌肉味道鲜美，有着泥土的芬芳气味。

栖息地

喜光热，多见于橡树林和山毛榉林中的空地。

实用知识

对老饕来说，这是最美味的牛肝菌！

美味牛肝菌

Boletus edulis

生长期（月）

1	2	3	4	5	6	7	8	9	10	11	12

形态特征

美味牛肝菌是各类研究员和业余爱好者最常见的研究对象，子实体大，直径可达25cm。菌盖厚实，半球形至凸镜形，多呈红褐色，触感略潮湿，成熟之后会变软。像牛肝菌属的其他种一样，菌褶呈管状，集束下垂。菌柄粗大，呈浅褐色，中部及下部被白色网纹。菌肉厚，白嫩，味道鲜美，香气怡人。

栖息地

生活在大多数阔叶林（橡树、栗树等）中，多见于林缘及茂林中的小径旁。脾气古怪，发生时间难以预料，有些年份长势很好，有些年份则难觅踪影。

实用知识

牛肝菌属中没有可致命的品种。

灰喇叭菌
别称死亡号角

Craterellus cornucopioides

生长期（月）

1	2	3	4	5	6	7	8	9	10	11	12

形态特征

造型独特，不会与其他菌种混淆。无菌盖，中空，形似一个有波浪边的喇叭。无片状子实层，也无褶皱。质地脆嫩，香气四溢，容易干制。易于储存，甚至可以磨成粉末保存。

栖息地

喜欢生活在阔叶灌木林的泥地或枯叶中。有时会密集丛生，可以看到地面上黑压压一大片。

实用知识

做成煎蛋卷十分美味，但不宜多吃，因其纤维对消化液抗性较强，有时不易消化。

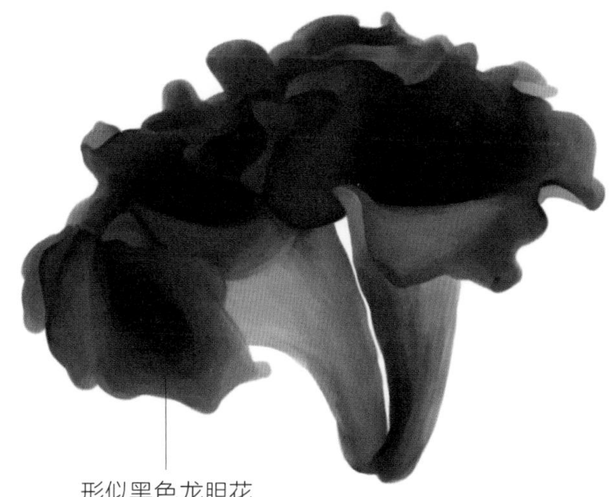

形似黑色龙胆花

菌盖为亮丽的橙黄色

橙盖鹅膏菌

Amanita caesarea

生长期（月）

1	2	3	4	5	6	7	8	9	10	11	12

形态特征

菌肉厚实，有异香，易于识别。其他特征也很有辨识性。菌盖直径5～16cm，表面光滑，边缘具明显条纹。与其他鹅膏菌不同的是，其菌褶密集，为片状，呈黄色。菌柄淡黄色，菌环也为黄色，另有一个白色苞状菌托。

栖息地

喜高温，常见于法国南部和科西嘉岛的栗树林或橡树林下。

实用知识

没错！橙盖鹅膏菌被认为是不可多得的美味，在法国各地都很受欢迎。古罗马人对它们简直爱不释手！通常在炎热的夏天过后生长。

粉色小菇

Mycena rosea

生长期（月）

1 2 3 4 5 6 7 8 9 10 11 12

形态特征

子实体中等大小，菌盖直径为3～5cm，圆锥形，菌肉少，边缘有细条纹，呈亮粉色。片状菌褶较为稀疏；菌柄硬，表面光滑。会散发一种特有的腐烂萝卜味，不易与其他菌类混淆。

栖息地

分布在各种森林中，所有类型的土壤上均可生长。多单生，偶尔群生。非常常见。

实用知识

有轻微毒性；幸运的是，其令人厌恶的气味不会让人产生食欲！

魔牛肝菌

Boletus Satanas

生长期（月）

1 2 3 4 5 6 7 8 9 10 11 12

形态特征

大型菌类，肉质厚而紧凑。菌盖初为白色，成熟后变成绿色，直径为8～30cm。像牛肝菌属的其他种一样，菌褶呈管状，集束下垂。菌柄短而粗大，红黄相间，上部有红色网纹。菌肉非常厚，呈白色，并且有一个极易识别的特征：在空气中破碎时会变成蓝色或绿色。最重可达5kg！

栖息地

多生长在稀疏的阔叶林中干燥的石灰质土上。气温高的年份数量较多。

实用知识

最好不要食用，因为它是一种强大的催吐剂。

木蹄层孔菌

别称木蹄

Fomes fomentarius

生长期（月）

1 2 3 4 5 6 7 8 9 10 11 12

形态特征

一眼就能认出：体型大，像木头一样坚硬（有时更甚！），不可能同其他任何蘑菇相混淆。鼠灰色至灰黑色，有明显的同心环棱。分层，后一层会在前一层的基础上生长。

栖息地

寄生在树干上，对树有腐蚀作用。

实用知识

完全不可食用。昔日被用来生火（切成薄片，用木槌敲软然后撒上硝石，碰到火星就能被点燃），也曾被用来止血和治疗嵌入肉内的指甲……

毒蝇伞

Amanita muscaria

生长期（月）

1 2 3 4 5 6 7 8 9 10 11 12

形态特征

鹅膏菌属，形态艳丽，极具装饰性。可以通过其带白色颗粒状鳞片的红色菌盖来识别。注意：这些白点可能会被雨水冲刷掉，使其看起来像橙盖鹅膏菌。菌褶一直是白色的，菌柄较长，纯白，菌环宽大。

请勿混淆

橙盖鹅膏菌的菌盖是橙黄色的，菌褶和菌柄则是黄色的（参见第89页）。毒蝇伞非常漂亮，而且很容易辨认。这很幸运：从未报道过由它引起的食物中毒事件。

栖息地

喜欢生长在桦树或云杉下。

实用知识

毒蝇伞有神经毒素，毒性大，请勿采集。

粉色小菇

魔牛肝菌

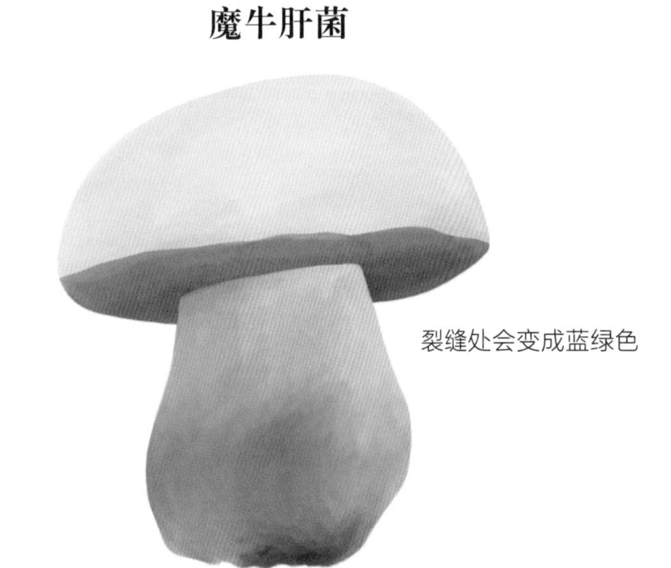

木蹄层孔菌

毒蝇伞

油口蘑

Tricholoma flavovirens

生长期（月）

1	2	3	4	5	6	7	8	9	10	11	12

形态特征

通体柠檬黄，形态美丽，体型较小。菌盖直径为5～8cm；黄色片状菌褶，稍密；菌柄为圆柱形，淡黄色，部分有棕色纤毛状小鳞片。菌肉白色至淡黄色，有煤气味。其法文名（译者注：Tricholome équestre，即“骑士口蘑”）可追溯到中世纪，当时只有骑士才能采集这种美味的蘑菇。

栖息地

在法国西南部很常见，一般生长在阔叶林和针叶林中。喜热，常藏于松树下的苔藓中。

实用知识

很多人都曾费力寻找过这种蘑菇，但在发生了多起中毒事件之后，卫生部门已将其列入有毒物种名录。

黄棕丝膜菌

Cortinarius cinnamomeus

生长期（月）

1	2	3	4	5	6	7	8	9	10	11	12

形态特征

像其他的丝膜菌一样，有一层薄薄的丝膜连接菌盖和菌柄基部。菌盖直径3～7cm，中有乳状凸起，呈肉桂色，菌体其他部分也是类似的颜色。菌褶呈亮黄色，菌柄长而空心。菌肉细嫩，具有类似天竺葵的特有香味。

栖息地

大部分阔叶林（如橡木林）和针叶林中均有分布。

实用知识

黄棕丝膜菌有毒，危险。另外，建议避免食用大部分的丝膜菌，因为其中很多都有毒性。只有易于识别的缘纹丝膜菌才能放心食用（参见第84页）。

毒鹅膏

Amanita phalloides

生长期（月）

1	2	3	4	5	6	7	8	9	10	11	12

形态特征

需仔细甄别。菌盖较大，呈绿色、淡黄色或橄榄绿色，表面略黏稠。白色片状菌褶。菌柄结实且发白，顶部有一个漂亮的菌环，基部有一苞状菌托，坚硬厚实，是菌种生发时覆盖的菌膜的残留物。

请勿混淆

可能会与红菇混淆，但后者既无菌托也无菌环。

栖息地

分布广泛且极度危险。可生长在各类森林中，树的种类和土壤类型都不重要。在山上则很少见。

实用知识

毒鹅膏几乎在所有情况下都是致命的。其致死率可达90%。一旦发现，请立即销毁，避免被他人误食！

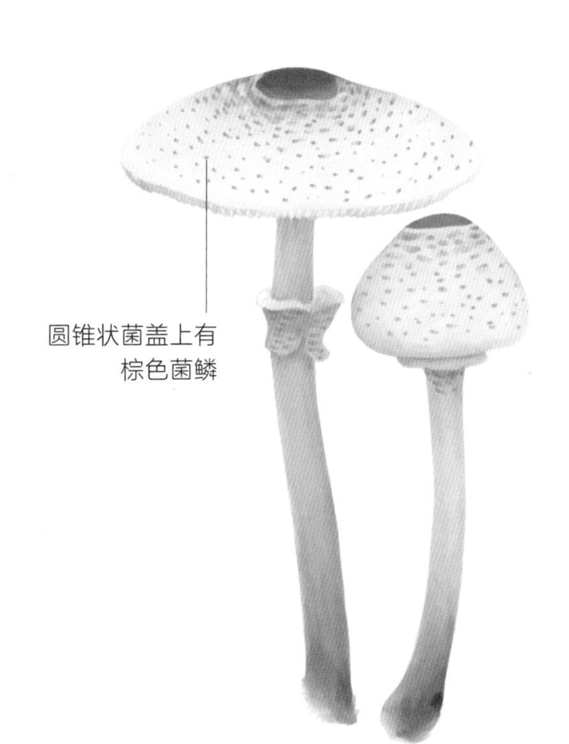

冠状环柄菇

Lepiota cristata

生长期（月）

1	2	3	4	5	6	7	8	9	10	11	12

形态特征

十分常见，是一种有毒菌类，危险。菌盖上覆盖着棕色蛇鳞状突起物，从菌盖顶部向四周扩散，呈碎裂花纹状（壳顶略尖，呈棕色，而边缘近乎全白），特征明显，有助于识别。菌褶呈白色，密集排列，与菌柄基部之间有一环状物（菌环）。菌肉白色或灰色，有强烈的腐烂萝卜的臭味。菌柄细长，表面柔滑，上有早落的菌环。

栖息地

多生长在林间小径旁，也见于林缘草地。

实用知识

有剧毒。

熊葱

Allium ursinum

20～50cm　花期（月）

石蒜科

1 2 3 4 5 6 7 8 9 10 11 12

形态特征

多年生草本植物，无毛，有强烈的大蒜味。具两片椭圆披针形叶，边缘光滑，顶部尖。叶片软而不厚，宽大舒展，较长。伞状花序，花朵白色，鳞茎也为白色。易与有毒的铃兰（*Convallaria majalis*）或秋水仙（*Colchicum automnale*）混淆。这两种植物的叶片均较厚，其中铃兰的叶片坚硬，呈鞘状互相抱着；秋水仙的叶片则无柄，丛生于地面上。

栖息地

从欧洲到高加索地区均有分布。多生长在潮湿的灌木丛和森林边缘。

实用知识

富含维生素C，但大量生吃会有刺激性。叶子和花可以捣碎做成青酱生吃，也可煮熟之后食用。煮熟之后大蒜气味会消失。鳞茎的种植方式跟其供观赏的近亲类似。

羊角芹

Aegopodium podagraria

20～50cm　花期（月）

伞形科

1 2 3 4 5 6 7 8 9 10 11 12

形态特征

多年生植物，形态优美。基生叶很有辨识度，长柄，为三出式2～3回羽状分裂，即每一片叶由3片小叶组成，每一片小叶又分裂成2～3片小裂叶，边缘有齿，顶部锐尖。茎直立且长，健壮，有凹槽。伞形花序，花朵密集簇生，呈白色。可能会与林当归（*Angelica sylvestris*）混淆，后者也可食用，味道佳。

栖息地

原产于欧洲，目前已被广泛引入全球各地。常生长在阴凉潮湿的地方，如灌木丛和树木根部，有时也生长在花园中。

实用知识

叶片富含蛋白质、维生素和矿物质。嫩叶有柑橘味清香，拌在沙拉中生吃鲜嫩可口。叶子稍微成熟之后还可以做成烤蔬菜和咸馅饼的内馅。此外，羊角芹还有助于消除尿酸（这就是为什么它可以缓解痛风发作和关节疼痛）。

葱芥

Alliaria petiolata

40～90cm　花期（月）

十字花科

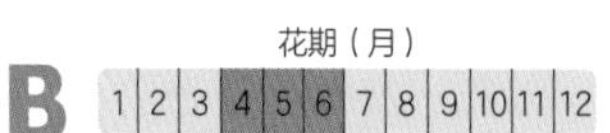

形态特征

两年生草本，略被毛。叶缘有齿，下部叶为心状卵形，上部为三角形。花白色，有4枚花瓣，呈十字状排列。果实细长（长角果），内含多颗种子。

栖息地

相当常见，喜阴凉湿润。

近亲

与芥菜、碎米荠、荠菜、芝麻菜、甘蓝、红皮白萝卜和芜菁一样，是一种十字花科植物。

实用知识

揉搓其叶片时会散发出葱的气味，因此得名。可以拌入沙拉或做成蔬菜蒜泥浓汤。种子可用来制作芥末。此外，葱芥还有利尿特性。

栎林银莲花

别称丛林银莲花、欧洲银莲花

Anemone nemorosa

10～30cm　花期（月）

杜鹃花科

形态特征

多年生草本，常绿，有根状茎。除花朵下方的三片叶外，大部分叶片均基生。多被毛，掌状分裂，或为三出复叶，边缘有深锯齿。花单生，白色至粉红色，有5～8枚花瓣，雄蕊和心皮众多。

栖息地

非常常见，多生长于灌木丛中，也见于树篱、沼泽和山地草甸中。

近亲

事实上，银莲花属植物大概有15种，其中欧白头翁也比较常见，它开紫色花，形态优美，多绒毛。

实用知识

春天，当栎林银莲花盛开时，灌木丛中会形成一片白茫茫的花海。

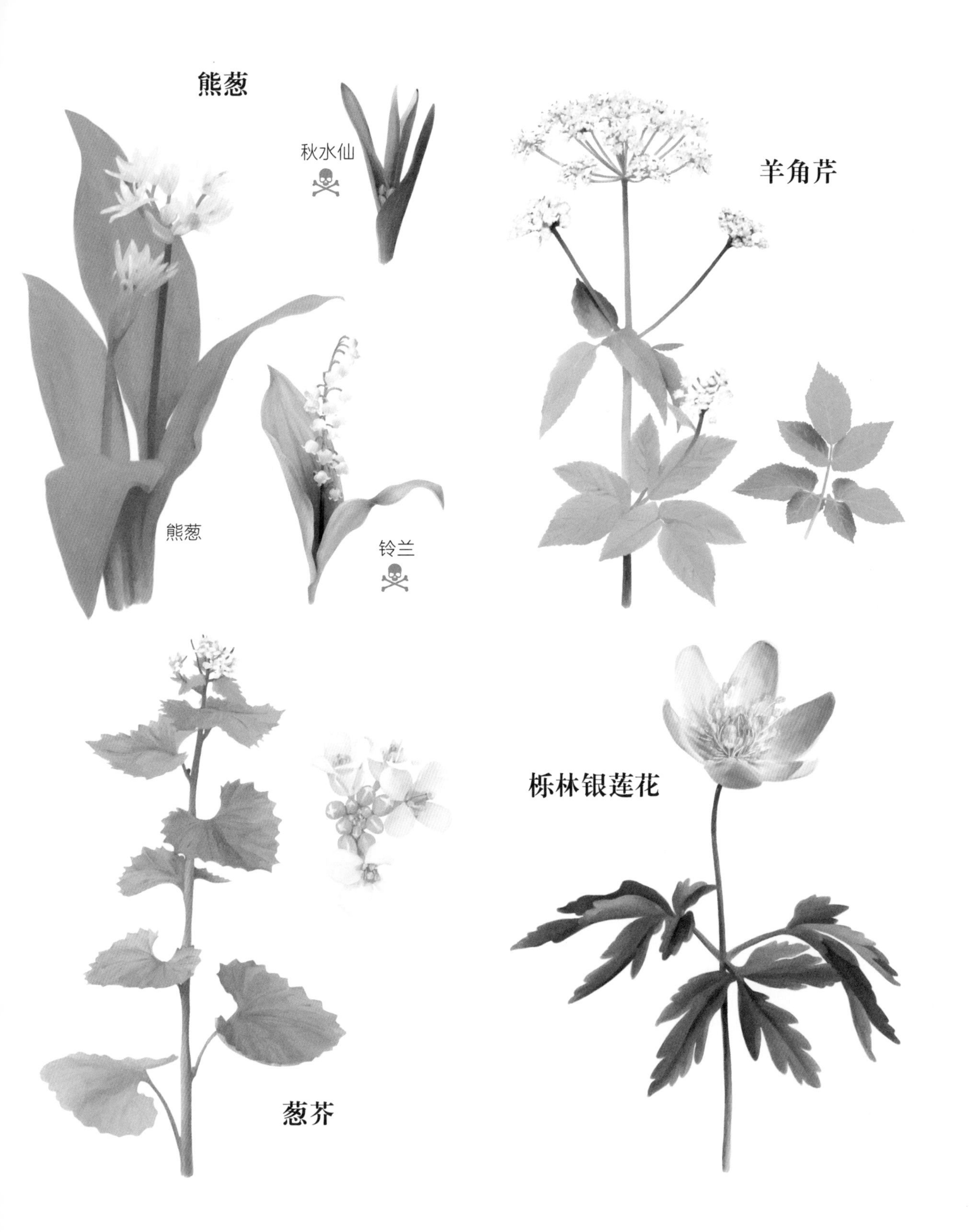
熊葱
秋水仙
熊葱
铃兰
羊角芹
葱芥
栎林银莲花

野草莓

别称欧洲草莓

Fragaria vesca

蔷薇科 5～25cm 花期（月）

形态特征

植株矮小，被柔毛，簇生。多生侧枝，以助繁衍。叶片大，边缘有齿，有3片椭圆形小叶。花有5枚萼片，花瓣5枚，白色，心皮和雄蕊众多。果实为聚合果，红色。

栖息地

很常见，多生长在林中空地、树篱、小径以及林下草丛中。

近亲

同水杨梅和玫瑰一样属于蔷薇科。该科植物很多都可食用，如覆盆子、黑莓，以及多种果树（苹果、李子等）。

实用知识

味道佳，但最好冲洗干净或者彻底煮熟以避免包虫病。

九龙环

别称所罗门之印

Polygonatum multiflorum

天门冬科 30～60cm 花期（月）

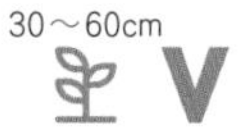

1	2	3	4	5	6	7	8	9	10	11	12

形态特征

多年生草本，有根状茎。叶互生，椭圆形，多直立于茎秆上，叶脉平行。茎圆形，上开2～6朵小花。花呈管状，大部白色，尖端为绿色。结黑色浆果。

栖息地

常见于灌木丛中，有时会密集丛生。

请勿混淆

玉竹的茎秆呈方形，上面最多开两朵花。

铃兰

别称君影草

Convallaria majalis

天门冬科 10～20cm 花期（月）

形态特征

多年生草本，主要通过根状茎繁殖。每一枝铃兰花基部都有两片披针形叶呈鞘状互相抱着，叶片上有平行的叶脉。花香四溢，白色，形似一串小铃铛。注意，红色的浆果有毒！

栖息地

喜阴凉，虽然不是很常见，但仍可以在有部分荫蔽的灌木丛中找到。

请勿混淆

开花前，有毒的铃兰可能会与可以食用的熊葱混淆。揉搓后者的叶片可以闻到大蒜的气味，但铃兰的叶片则更坚韧且没有气味。

实用知识

传统上，每年的五月一日，法国人会互赠铃兰花以祝幸福。铃兰的花语即“幸福归来”。

车轴草

别称香车叶草、香猪殃殃

Galium odoratum

茜草科 10～30cm 花期（月）

1	2	3	4	5	6	7	8	9	10	11	12

形态特征

多年生草本，茎直立，叶长圆状披针形，6～8片轮生，边缘光滑，顶端渐尖。聚伞花序顶生，花朵小而微香，花冠有4个裂片，呈短漏斗状。容易与猪殃殃属的其他植物相混淆，但是没有危险，而且只有车轴草会在干燥后散发出甜美的香草味道。

栖息地

主要分布于欧洲和西亚地区，常见于阴凉湿润的灌木丛中。

实用知识

过量食用会导致头痛和消化不良。此外，必须防止出现霉菌，因为这会导致形成双香豆素，如果食用将引发出血。将叶片和花干燥之后可以为饮料增香，或者可以先放入牛奶中，然后再为奶油和甜点调味。如果在开花之前收集，叶片的香味会更加突出。

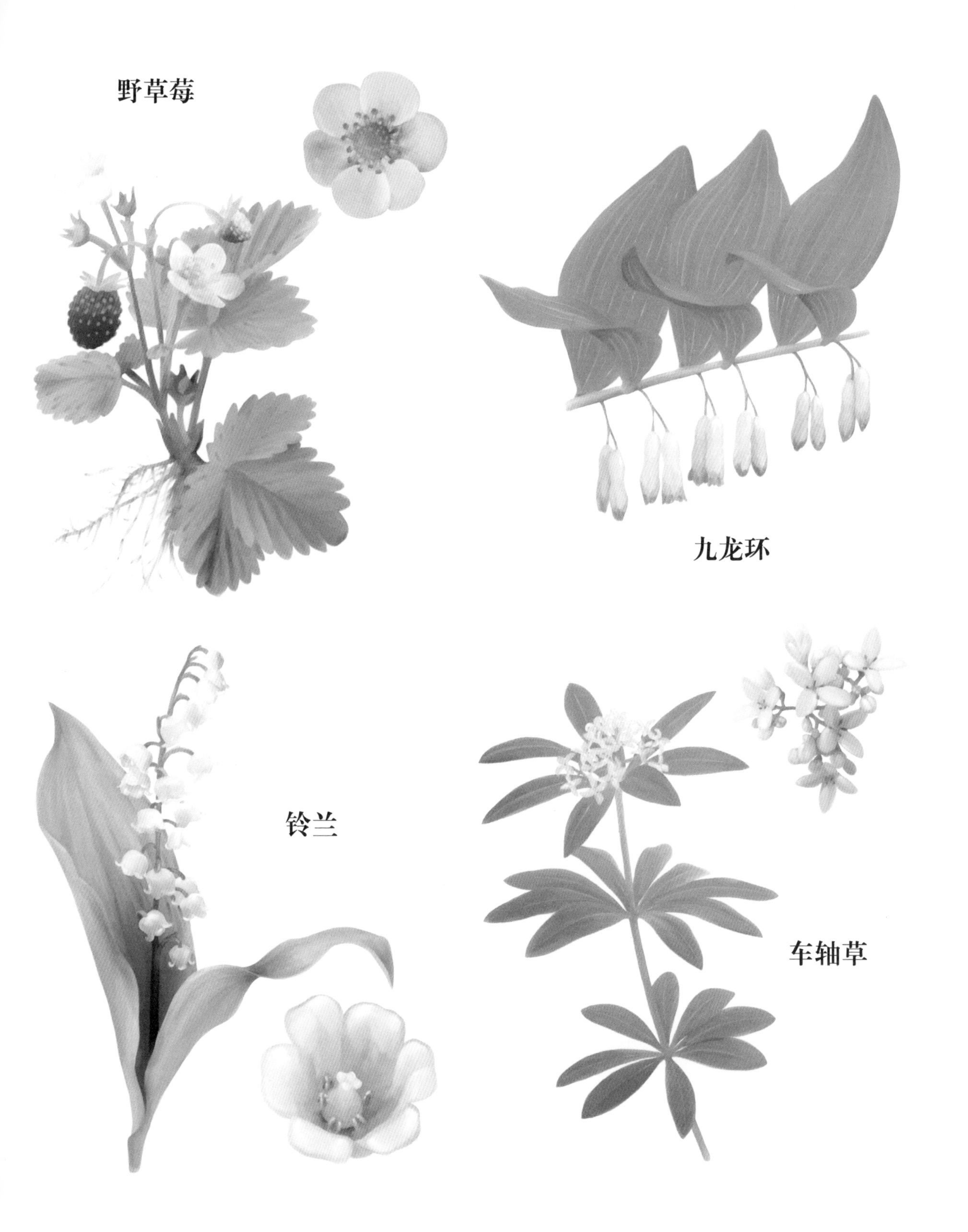
野草莓
九龙环
铃兰
车轴草

卷心菜蓟

Cirsium oleraceum

菊科

形态特征

这是一种不刺人的蓟！长叶有柄，裂叶，每片小叶均为披针形，边缘有齿，顶端锐尖。基生莲座状叶丛，中生粗壮的直立茎，茎绿色，叶片互生于茎上，无柄。头状花序，花朵小，呈淡黄色。不会产生任何混淆。

栖息地

主要分布于欧亚大陆。在法国，主要生长在靠东和靠北的这一半国土上。多见于潮湿的灌木丛或水滨。

实用知识

全株可食，富含蛋白质、维生素和矿物质。叶子的烹饪方式和菠菜一样。根生吃和熟吃均可，茎去皮之后非常适合盐渍。甚至还可以在开花前（6月至7月）食用花托，看上去就像是一个小小的朝鲜蓟（译者注：学名为*Cynara scolymus*，又称洋蓟、法国百合，主要食用部分为花苞中肥嫩的苞片，是法国的常见蔬菜，在国外被誉为“蔬菜之皇”）苞片！

犬蔷薇

Rosa canina

蔷薇科

1～3m

花期（月）

1 2 3 4 5 6 7 8 9 10 11 12

形态特征

观赏蔷薇的祖先。灌木，茎呈绿色或淡红色，枝杈柔软下垂，带有钩状刺。叶片互生，呈羽状排列，通常为5～9片，椭圆形，边缘有齿。花大，有5枚花瓣，呈白色或粉红色。果实称“玫瑰果”，红色球状，是由花序梗发育而来的，内含真正的果实，以及著名的瘙痒粉。

栖息地

原产于欧洲、中亚和北非，目前已广泛分布于各温带地区。多生长在树篱、林缘、山坡、荒地和边坡。

实用知识

玫瑰果的维生素C含量是橙子的20倍。将其煮熟并用食品碾磨机处理之后，能制成极好的野果酱之一。虽然很麻烦，但仍值得尝试！

香蜂花

Melissa officinalis

30～80cm　花期（月）

唇形科   

形态特征

多年生芳香植物，是薄荷的表亲。茎方形，叶十字形交错对生，叶片呈椭圆形，顶端锐尖，边缘有细齿。揉搓后会散发出令人愉悦的柠檬香味。轮伞花序，腋生，全部在茎的一侧。花白色或粉红色，管状，末端形似双“唇”。

栖息地

起源于地中海地区，常有栽培和移植，目前广泛分布于法国各地，欧洲、西亚和非洲等地也有分布。多生长在小树林和树篱中。

实用知识

具有抗焦虑和镇静的功效，可用于治疗焦虑症或慢性应激和失眠。还可以缓解轻度消化系统疾病（如胃痉挛或恶心），并已证明对疱疹病毒有抗性。叶子和开花的顶部可以泡茶或作母酊剂使用，建议最好用新鲜的或6个月内干燥的。香蜂花也是一种上佳的香料，在药效之外，还可以为菜肴和饮料增香调味。

黑莓

Rubus fruticosus

1～4m　花期（月）

蔷薇科  

1	2	3	4	5	6	7	8	9	10	11	12

形态特征

灌木，有刺，枝条长且多呈拱形。叶为三出或掌状复叶，有3～5片椭圆形小叶，顶部锐尖，边缘有齿。花簇生，白色或粉红色，有5枚花瓣。果实为复合果，被称为“黑莓”，呈球形，初为红色，成熟时变为黑色。有多种黑莓，其品质基本相同。

栖息地

主要分布于北半球，欧洲各地均可见。多生长于树篱、林缘、树林、荒地和花园。

实用知识

具有止血（阻止伤口继续流血）、净化、抗炎和降血糖的功效。可用于缓解口腔疾病和扁桃体炎，以及消化系统疾病和各类炎症。果实富含维生素和抗氧化剂，有助于治疗腹泻。叶子干燥之后会散发出令人愉悦的香气，因此长期以来作为茶叶的替代品被用于各类花茶中。略微煎制之后（2～3分钟）即可饮用或作为漱口水使用，也可制成母酊剂。果实可直接食用，也可做成果汁和果子露。

牛蒡

Arctium lappa

50～150cm

菊科

花期（月）1 2 3 4 5 6 7 8 9 10 11 12

形态特征

两年生草本，植株高大。叶片宽阔，边缘具稀疏浅波状凹齿，基部心形，被稀疏短糙毛，触感明显。叶片两面异色，下面发白，叶柄长且厚，与茎相连。茎要到第二年才开始发育。头状花序，紫色，带钩状刺。开花前可能会与其他牛蒡类植物或款冬（*Petasites hybridus*）混淆。

栖息地

广泛分布在大多数温带地区。多生长在未开垦的荒地、林缘、灌木林和路边。

实用知识

可净化肝脏并缓解皮肤问题（如发红、粉刺等）。根富含菊糖（一种果聚糖，可以分解成果糖）和矿物盐。去皮的叶柄焯烫后即可食用，甜茎则可生吃。根滋补且多汁，可生吃或用油炒。牛蒡在日本被视为一种高档蔬菜，其根被称为“东洋参”，多有种植。

枞枝欧石南

Erica cinerea

20～60cm

杜鹃花科

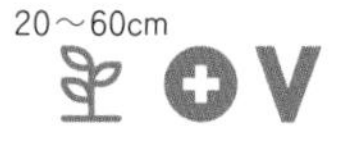

花期（月）1 2 3 4 5 6 7 8 9 10 11 12

形态特征

灌木，多分枝，具有小型针状叶，叶脉突出，三叶轮生于茎上。细长的穗状花序，小花密集簇生，呈钟形，紫红色。有时易与帚石楠（*Calluna vulgaris*）混淆，后者具有与其几乎相同的药用特性。

栖息地

欧亚大陆各地均有分布。广泛存在于法国西部地区。多生长在酸性土壤上的沼泽、干草地和针叶林中。

实用知识

具有利尿和防腐的功效，在治疗尿路感染方面特别有效，叶可用于治疗肾结石。干花可做成简单的汤剂，也可制成母酊剂。该物种在法国上法兰西大区的几个省以及香槟-阿登大区已被列入保护名录。

疗肺草

Pulmonaria officinalis

15～50cm

紫草科

花期（月）1 2 3 4 5 6 7 8 9 10 11 12

形态特征

多年生草本，植株矮小，形态优美，多被毛，可以通过叶片上的白色圆斑来识别。叶对生，无柄，略宽阔，椭圆形，顶端锐尖。小花为粉红色或淡紫色，密集簇生于茎的顶部，初呈螺旋状盘旋，后随开花时间变长而逐渐舒展。易与肺草属的其他物种混淆，但没有危险。

栖息地

多生长在林缘、林中空地和阔叶林中。

实用知识

众所周知，疗肺草可以用来缓解支气管炎等肺部疾病，或缓解口腔和喉咙的炎症。其黏质还能帮助愈合，可用于治疗湿疹、创伤和咬伤。需要注意的是，它含有生物碱，过度或反复食用会损害肝脏健康。叶片干燥之后可以泡茶饮用，也可用作敷料，或者作为漱口液，用来缓解咳嗽和口腔炎症。

林地水苏

Stachys sylvatica

40～100cm

唇形科

花期（月）1 2 3 4 5 6 7 8 9 10 11 12

形态特征

多年生草本，被毛。叶片深绿色，卵状心形，基部和叶缘具胼胝质圆齿状锯齿。叶呈十字形交错对生于茎上，叶柄短，与方形茎相连。花生于叶腋，紫色，花冠形如双唇，上有白色斑点。易与其他多种可食用的水苏属植物相混淆。

栖息地

分布于欧洲各地和亚洲西部。喜阴凉湿润，多生长在树林和树篱中。

实用知识

毋庸置疑，林地水苏富含维生素和矿物质，但从未有人深入地研究过其营养特性。尽管气味难闻，它却能给菜肴带来令人惊讶的类似牛肝菌的鲜味！其叶子和嫩芽可作调料，给汤、煎蛋卷和咸味馅饼等增加别样的风味。在法国，一些餐馆老板甚至会将其制作成特色美食，如法式清汤或果汁冰糕。

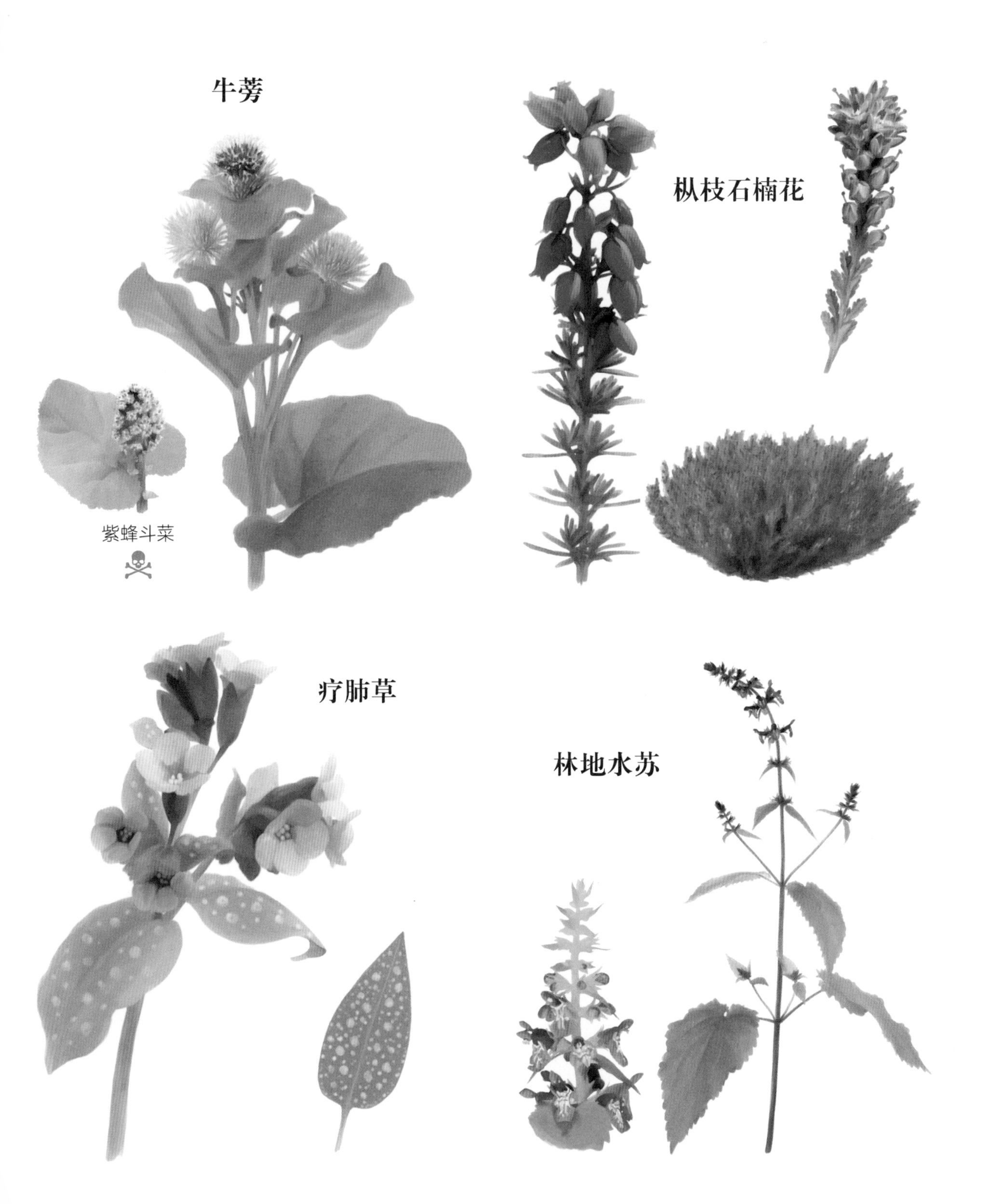
牛蒡
紫蜂斗菜
枞枝石楠花
疗肺草
林地水苏

欧耧斗菜

别称耧斗菜、漏斗花、洋牡丹

Aquilegia vulgaris

30～100cm

毛茛科

花期（月）

形态特征

多年生，多分枝，被毛。小叶分裂，形状各异，呈淡绿色，有绒毛。花瓣五枚，距向内弯曲成钩状，形似短号。通常为蓝色，少有粉红色、紫色或白色。

栖息地

较常见，多生长在森林边缘、稀疏的灌木林、阴凉的草地、矮林和崩塌的碎石中。

近亲

一共有十几种野生耧斗菜，它们都是翠雀属植物的近亲。

实用知识

多为野生，也常见于各类花园中。在法国北部-加来海峡大区属于保护物种，因此最好不要轻易采摘，但可以收集一些种子播种在你自己的花园中。

毛地黄

别称自由钟、山白菜

Digitalis purpurea

50～150cm

车前科

B

花期（月）

1 2 3 4 5 6 7 8 9 10 11 12

形态特征

两年生或多年生草本，植株高大，全株被灰白色短绒毛。基生叶多数呈莲座状，微白色，长椭圆形，边缘略带齿。第二年开花，密集簇生，呈穗状。花大，花冠紫红色，内面具较深的斑点，这是为了将授粉昆虫引导至花的中央。

栖息地

酸性土壤上的常见植物，多生长在林中空地、砍伐后的森林、林缘、斜坡或小径旁。在地中海地区没有分布。

近亲

其近亲黄花毛地黄多生长在石灰质土壤中，与其十分相似。

实用知识

其学名来自拉丁语*digitus*（意为“手指”），因为人可以轻松地将手指插入花中。请注意，毛地黄含有洋地黄甙（译者注：多音译为狄吉他林），有剧毒，主要用作强心剂。

香堇菜

Viola odorata

5～15cm

堇菜科

花期（月）

形态特征

多年生草本，植株矮小。叶长柄，椭圆形，基部心形，边缘具圆锯齿。花朵由2枚上瓣和3枚下瓣组成，呈白色或紫色。气味芬芳。欧洲现已发现近百种野生紫罗兰和三色堇，它们都可以食用，但只有香堇菜才会散发出如此浓郁的香味。

栖息地

广泛分布于欧亚大陆、北美和澳大利亚。喜阴凉，多生长在小树林、树篱和森林边缘。

实用知识

含有维生素A和C、矿物质以及黏质。嫩叶味道温和，可拌入沙拉甚至搭配热菜。花朵美丽，富有装饰性，更可以为饮料和甜点增添愉悦的味道。此外，还可用来制作美味的果冻或糖浆。

药用婆婆纳

Veronica officinalis

10～30cm

车前科

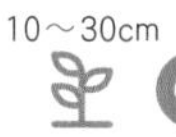

花期（月）

1 2 3 4 5 6 7 8 9 10 11 12

形态特征

多年生，多被毛，茎坚硬，老时会变黑。叶对生，椭圆形，边缘有齿，叶片沿着叶脉处产生的褶皱略微向内折叠。小花，有4枚淡紫色花瓣，上有深色条纹，雄蕊长，伸出花冠。花序簇生，直立生长在枝头。

栖息地

广泛分布于法国各地，以及欧洲和亚洲西部。多生长在沼泽、草地、树林和小径旁。

实用知识

因其助消化和祛痰的功效而闻名，可缓解咳嗽和支气管炎。也适用于风湿病，并可外用，以治疗伤口和湿疹。叶子和花朵可以用来泡茶饮用或用作漱口水，还可作为敷料用来治疗皮肤疾病。

欧耧斗菜

毛地黄

香堇菜

三色堇

药用婆婆纳

探索：

小型哺乳动物

在户外，我们总是在不经意间与很多小型哺乳动物擦肩而过。尽管它们中很多都不喜欢抛头露面，而且大多是夜行性动物，我们还是能够或多或少地听到或者观察到它们留下的痕迹……下面将介绍其中几种。

蝙蝠，会飞的哺乳动物

太阳下山后，蝙蝠（1）就飞出其藏身之处，在黑暗中隐匿行踪，并利用超声波来确定方向。欧洲蝙蝠是食虫动物，会吞下任何会飞的小东西。它们每年为人类消灭的蚊子可以按吨计算，在捕食和消灭害虫方面发挥着重要作用。

地底下的鼹鼠

鼹鼠（2）是少数几种完全生活在地底的哺乳动物。它在挖掘地下通道时冒出地面的小土堆被称为鼹鼠丘，是判断其存在的标志物，也是它栖息和狩猎的地方。鼹鼠几乎完全失明，但是听觉敏锐，主要以蠕虫、蛞蝓和各种昆虫幼虫为食，包括甲虫的幼虫。虽然经常被误认为是园丁的敌人，但实际上却正好相反：它所挖掘的地下通道有助于土壤的通风和水循环。

实用知识

如果土壤足够潮湿，鼹鼠可以在一个晚上挖掘出长达100米的地下通道！

刺猬，浑身是刺，无从下手

刺猬（3）是一种友好的小动物，当它感觉受到威胁时会卷成一个由数千根刺组成的小球。它是园丁最好的朋友，主要在夜间活动。刺猬会在黄昏的时候开始狩猎，食物主要是各种昆虫、蠕虫、蜗牛、蛞蝓，也吃鸟蛋和水果。虽然它每天要睡大约18个小时，但清醒时却异常活跃，每天可以行走数千米。立秋之际，它开始用落叶筑巢，并在其中沉沉睡去。冬眠期间，它会消耗夏季时积累的脂肪储量的三分之一。

实用知识

进食的时候，刺猬会发出很大的声音。它会大声咀嚼和生气地咆哮，抓地时会将泥土扔到几米开外……

其他小型哺乳动物

法国乡下生活着数量众多的小型哺乳动物。其中最小的一种是鼩鼱（4），它的吻部长而尖。榛睡鼠（5）的体型与老鼠差不多，它有着橙色的皮毛。春天，在经过7个月的冬眠之后，榛睡鼠会从由羽毛和苔藓筑成的卵形巢穴中苏醒，然后兴奋地在树篱中啾啾直叫。睡鼠的冬眠时间更长，因此法国有“像睡鼠一样睡觉”的习语……园睡鼠（6）与睡鼠很像，但它脸部有黑色条纹，形似一个蒙面大盗。我们还可以在乡下碰见田鼠和水鼠，以及家鼠和老鼠，当然还有喜欢在树上活动的松鼠（7）。伶鼬（8）是欧洲最小的食肉哺乳动物，在夏季时形似白鼬，但后者在冬季会变得全身洁白，像穿了一身白色的外套。

栎黑神天牛

Cerambyx cerdo

鞘翅目 22～60mm M

成虫期（月）											
1	2	3	4	5	6	7	8	9	10	11	12

形态特征

大型昆虫，身体较长，有黑色鞘翅。腹部尖端呈红色，头部有两条坚硬的触角。雄虫的触角大大超出其身体的长度，而雌虫的触角仅超出身体的一半。易与斯科波利神天牛（*Cerambyx scopolii*）以及主要分布在地中海地区、触角较短的波内利神天牛（*Cerambyx miles*）相混淆。

栖息地

经常出没于古老的森林中，尤其是橡树林。

生活习性

气候条件适宜的时候，一般都能长到10cm长，与欧洲深山锹形虫的生活习性和繁殖周期类似，而且两者的外形都让人印象深刻。另外，栎黑神天牛的幼虫会啃噬活着的树木，因此，它有时会被认为是一种害虫，尤其是当其出现在经济林中时。

大栗鳃金龟

Melolontha hippocastani

鞘翅目 25～30mm

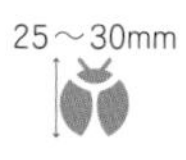

成虫期（月）											
1	2	3	4	5	6	7	8	9	10	11	12

形态特征

头部和胸部颜色较暗，多呈红棕色到黑色。鞘翅上覆盖着一层白色的绒毛，鞘翅本身像腿和羽毛状触角一样是棕色的。胸部可见两条显眼的白色侧线。与欧洲鳃金龟（*Melolontha melolontha*）非常相似，但后者体型较大，且具有长而明显的尾板（即腹部末端）。

栖息地

多出没于阔叶林、林缘和树篱。

生活习性

大栗鳃金龟的习性与欧洲鳃金龟相似（但后者主要生活在草地上）。交配结束后，雌虫会钻入地下产卵。它的后代出生之后会以各种落叶树的根部，尤其是橡树的根部为食。幼虫会在地下待四年，直到第五年春天破蛹而出。成虫主要以树叶为食。

松象鼻虫

Hylobius abietis

鞘翅目 6～14mm

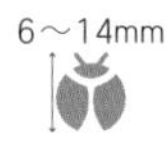

成虫期（月）											
1	2	3	4	5	6	7	8	9	10	11	12

形态特征

身体和鞘翅均为深棕色，上面装饰由黄色的斑点形成的不规则横带。喙长且厚，末端有两条弯曲的触角，极具辨识度。腿上略有毛，呈棕色。

栖息地

喜欢生活在松林中。

生活习性

最大的森林象鼻虫。雌虫会在垂死或者刚被砍伐的松树的树桩或者根部产卵，幼虫即以松树为食。它们的活动有助于森林土壤的维护和更新。但是，成虫会给单一且密集的松树林造成巨大的损失。这并不令人奇怪，因为缺乏多样性和竞争的环境有利于松象鼻虫的繁衍。此外，它在整个繁殖季都在产卵，而且成虫还可以存活两年，更是加剧了对松林的破坏。

欧洲深山锹形虫

Lucanus cervus

鞘翅目

雌虫20～50mm
雄虫35～80mm M

成虫期（月）											
1	2	3	4	5	6	7	8	9	10	11	12

形态特征

头部和胸部均为黑色，鞘翅为棕色，有酒红色光泽。雄虫上颚较雌虫更大，呈红色，形似鹿角。

栖息地

多生活在茂密的森林地带，但也时常出没于疏林、荒地和树篱。

生活习性

欧洲地区体型大、引人注目的甲虫之一，在法国加斯科涅的朗德地区自然公园拥有自然遗产的地位。它会发出嘈杂的嗡嗡声，而且雄虫的上颚让人印象深刻，不容易被人忽视。这一套行头让它们成为强大的战士，并可借此向对手发起凶猛的攻击。幼虫食腐，以死木，尤其是橡木为食。幼虫会在地下生长至少5年！成虫则更喜欢吃树木的汁液。

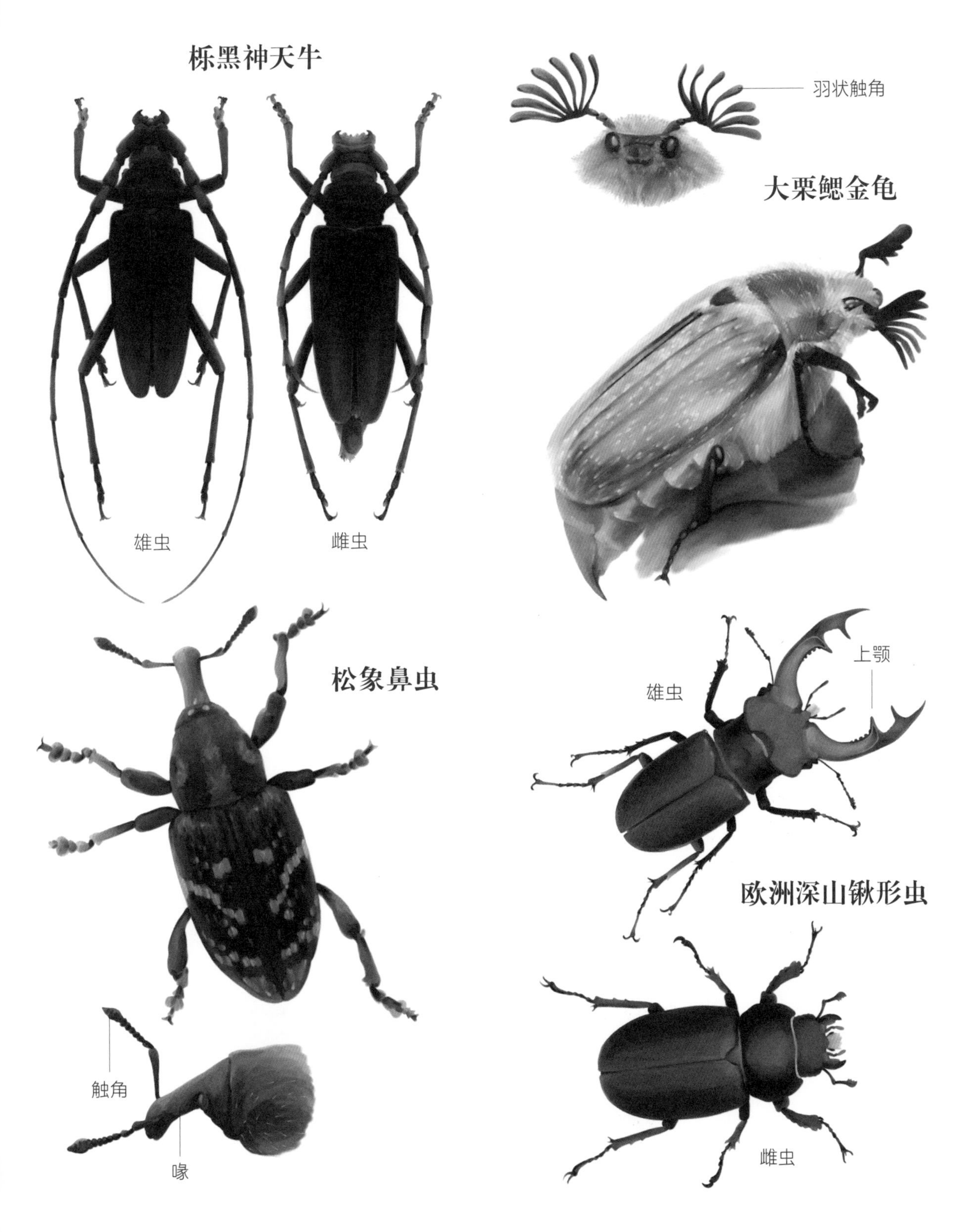
栎黑神天牛
雄虫
雌虫
羽状触角
大栗鳃金龟
松象鼻虫
触角
喙
上颚
雄虫
欧洲深山锹形虫
雌虫

蚂蚁甲虫

Thanasimus formicarius

鞘翅目

7～12mm

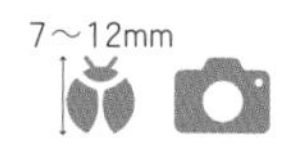

成虫期（月）

1 2 3 4 5 6 7 8 9 10 11 12

形态特征

身体灰黑色，胸部为红色，相邻的鞘翅基部也为红色。鞘翅上有两条白纹。身体的下面为红色，腿为黑色。形态与郭公虫科中的数种都很相似，尤其是与*Thanasimus femoralis*。后者的腿为红色，鞘翅上的第一条白纹边缘有红色斑点。

栖息地

主要生活在松林中。

生活习性

经常可以在树干或木材堆上碰见它。其成虫和幼虫都是肉食性的，主要以其他食木甲虫为食，例如棘胫小蠹。雌虫会将卵产在树皮上现有的孔洞中，幼虫会在此生长和化蛹。成虫通常把树皮当作庇护所并在下面过冬。

木蟋蟀

Nemobius sylvestris

直翅目

8～10mm

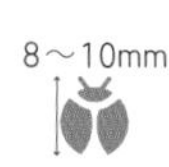

成虫期（月）

1 2 3 4 5 6 7 8 9 10 11 12

形态特征

身体呈棕色，胸部略浅。腹部上方的翅膀已退化，末端有两条长长的尾须（即尾巴），雌虫还有一个产卵管。头部为黑色，上有一个由黄色缝线构成的“W”，是该物种的典型特征（每个种类的蟋蟀都有类似的特征，且各有特色，是很好的识别指征）。

栖息地

主要生活在阔叶林中，几乎不会离开森林边缘。

生活习性

虽然木蟋蟀的知名度没有普通蟋蟀高，但它也很常见，有时甚至随处可见。其身体的棕色是一种很好的伪装色，能够帮助它隐藏在枯叶下。木蟋蟀会发出细微的唧唧声，中间穿插着规律的停顿，这是辨认的依据之一。杂食性，通常以植物或小昆虫为食。它从不挖洞，一直生活在各种树叶形成的垃圾中，并把这儿当成自己的庇护所。卵越冬，春天孵化，6月化蛹变成成虫。

W形

尾须

红褐林蚁

Formica spp.

膜翅目

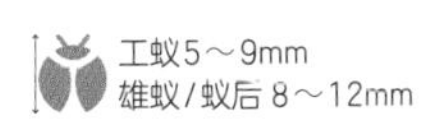

成虫期（月）

1	2	3	4	5	6	7	8	9	10	11	12

形态特征

身体灰暗，几乎全黑。脸部、上颚和胸部均呈红褐色。只有雄蚁和未来的蚁后才会在交配前长翅。

栖息地

虽然可以在位于山区的阔叶林中观察到，但大多数红褐林蚁更喜欢生活在针叶林中。

生活习性

红褐林蚁一词包含了八种极为相似的物种，具体是哪一种需要由专家来确定！它们一种真社会性昆虫，有时为单雌群（每个领地一只蚁后），有时为多雌群（每个领地多只蚁后）。蚁巢雄伟，形似“圆顶”，上面覆盖着植物碎片和针叶树枝。红褐林蚁对森林的生态平衡至关重要。工蚁非常活跃，有效地抑制了诸如松异舟蛾的幼虫（会成串爬行）等的过度繁殖。它们的活动还有助于各类植物种子的传播。

仿熊蜂蝇

Milesia crabroniformis

双翅目

20～27mm

成虫期（月）

1	2	3	4	5	6	7	8	9	10	11	12

形态特征

身体为黄色，上面带有红色条纹，看起来同熊蜂很像。但是蝇类特有的大大的复眼还是暴露了它真正的身份，这解释了将其归入双翅目的原因。胸部为黄色，前端有两块黑斑。腿节为红色，胫节和跗节则为黄色。雄虫的复眼位于头顶上方。

栖息地

是阔叶林的典型物种，尤其喜欢生活在橡树林中。

生活习性

欧洲体型最大的食蚜蝇。它不仅在外观上模仿欧洲熊蜂，其嗡嗡声也跟熊蜂相似。似乎喜欢潮湿的环境，因为经常可以在林区的溪流附近看到其成虫。主要以花为生，会在岸边的各类花卉上觅食，尤其喜欢伞形科植物的花朵。其幼虫以腐烂的木材为食，也能在岸边找到必要的食物。

绿豹蛱蝶

Argynnis paphia

蛱蝶科

55～75mm

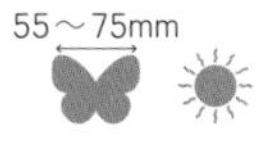

成虫期（月）

1	2	3	4	**5**	**6**	**7**	**8**	**9**	10	11	12

形态特征

又称“西班牙烟草”，体型较大，翅膀为浅黄褐色，翅面有黑色斑点。雄虫的前翅上有发香鳞（其基部有一小腺体，会产生挥发性费洛蒙），形似黑色横纹，可以根据这一点与其他蛱蝶的雄虫区别开来。后翅下侧呈绿色，有银色的斑点，且有虹彩。雌虫有一种罕见的颜色变化，被称为“瓦莱希娜”（valesina）色差，其翅面会呈暗灰棕色。

栖息地

法国各地均可见。另外，从欧洲的温带地区到北非，直到亚洲东部的日本均有分布。多出没于林中空地、林缘和疏林中。

生活习性

所有蛱蝶中最常见的一种，经常出现在晴天的林荫道上。幼虫以不同种类的紫罗兰（*Viola* sp.）为食。雌虫不会直接在寄主植物上产卵，而是选择在其周围的地面或者树干上产卵。每年产一代。

阿芬眼蝶

Aphantopus hyperantus

蛱蝶科

30～40mm

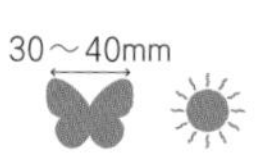

成虫期（月）

1	2	3	4	5	**6**	**7**	**8**	9	10	11	12

形态特征

翅膀深棕色，边缘有一条细细的白色流苏，上面装饰着不易察觉的小眼。反面的眼斑颜色比正面清楚，面积较大，眼珠黑色，瞳孔白色，边缘为橙色。

栖息地

除科西嘉岛外，遍布法国各地。欧亚大陆直到朝鲜半岛都有分布。多出没在森林边缘、沼泽、林中空地、树篱和繁花草甸。

生活习性

非常常见，喜欢在各类湿地和林荫处活动。雌虫在寄主植物上的产卵数可多达200个。寄主植物一般是禾本科植物（如沼原草、草地早熟禾等），或者薹草（*Carex* sp.）。一年只产一代，目前观察到其成虫出现的时间越来越早，有时早在5月。

紫闪蛱蝶

Apatura iris

蛱蝶科

55～65mm

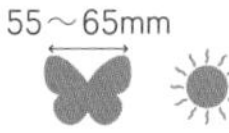

成虫期（月）

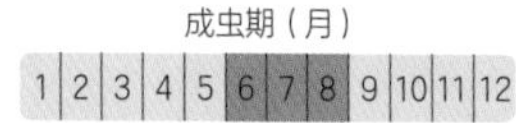

1	2	3	4	5	**6**	**7**	**8**	9	10	11	12

形态特征

翅面棕色，边缘黑色，前翅上有白斑，两个后翅上各有一白色斜带，形似“V”字。反面铁锈色，有一条宽阔的白带，还有一个围有棕色框的眼斑。根据光照射的角度，雄虫会有紫蓝色的反光。可能会与柳紫闪蛱蝶（*Apatura ilia*）混淆。

栖息地

在法国（科西嘉岛除外）、欧洲其他国家，以及亚洲的温带地区随处可见。常出没于古老的阔叶林和湿地。

生活习性

因为日益严重的森林砍伐，紫闪蛱蝶变得越来越少见。其幼虫的寄主植物是老柳树和杨树。幼虫会在树枝间编织一个小垫子，并在其中过冬。紫闪蛱蝶是一种林冠物种，主要生活在树木上。因此，只有当成虫去采食各类渗出物（来自河岸、成熟的水果或各类排泄物等）时，或者因天气炎热而必须下到水坑中饮水时，才容易被观察到。

欧洲地图蛱蝶

Araschnia levana

蛱蝶科

30～40mm

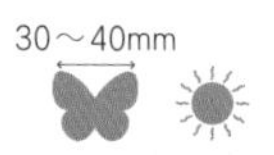

成虫期（月）

1	2	3	**4**	**5**	**6**	**7**	**8**	**9**	10	11	12

形态特征

有着明显的季节性二态性。第一代颜色较浅，呈棕褐色，带有黑色斑点。第二代几乎全黑，翅面装饰着横向的白带，在四个翅膀上形成一个半圆形。第一代和第二代之间只有翅膀的背面没有发生变化。背面呈红褐色，有白色条纹，次边缘区域有小紫斑。

栖息地

几乎遍布整个法国，但科西嘉岛和地中海沿岸地区除外。欧亚大陆各处均有分布，从西班牙一直延伸到日本。多出没于林间空地、树篱、林缘和小树林。

生活习性

因其极具辨识性和容易引发联想的图案而得名，易于识别。每年至少产两代，第一代在早春，第二代在夏季的8月前后。雌虫产下的卵成坨状，会在寄主植物的叶片下形成一个小悬链。幼虫主要以荨麻为食。

绿豹蛱蝶
雄虫
发香鳞
雌虫
阿芬眼蝶
雄虫
欧洲地图蛱蝶
第一代
紫闪蛱蝶
雌虫
第二代

红线蛱蝶

Limenitis populi

蛱蝶科 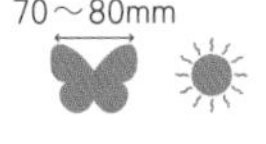 70～80mm

成虫期（月）

1	2	3	4	5	6	7	8	9	10	11	12

形态特征

大型蝴蝶，翅面主要为黑褐色，前翅上有白斑，后翅中室内有白色条纹，所有翅膀末端都有橙色线条。翅膀反面为橙褐色，上有白色图案，边缘有浅蓝色线条。

栖息地

在法国主要生活在东部地区。此外，中欧和亚洲的大部分地区直至日本都有分布。多出没于林中空地、林缘和森林小径。

生活习性

是线蛱蝶亚科中最大的蝴蝶。每年只产一代（有时早在5月中旬），雄虫的寿命很短，只有8～12天。它不以花蜜为食，而是喜欢享用树木伤口处的汁液、蚜虫的蜜露、成熟水果的分泌物或小型哺乳动物的粪便。

实用知识

其幼虫会在一个管状的“冬眠室”中越冬，这一装置是用一片欧洲山杨（*Populus tremula*）的叶片包裹而成的。

榆蛱蝶

Nymphalis polychloros

蛱蝶科 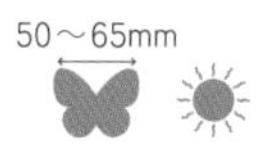 50～65mm

成虫期（月）

1	2	3	4	5	6	7	8	9	10	11	12

形态特征

中型蝴蝶，身体大部分为黄褐色，前翅上有黑点，后翅边缘有一排半月形的蓝斑。反面翅底为大理石斑纹般的黑色，边缘处的斑带颜色较浅。可能会同荨麻蛱蝶相混淆，后者更小，而且翅膀边缘的半月形蓝斑更大、更显眼。

栖息地

法国各地均有分布，也存在于北非、欧洲和亚洲直至喜马拉雅山的边界地区。多出没于林缘、疏林、果园和花园。

生活习性

一年产一代，成虫多自7月开始出现。会以成虫的姿态越冬，并在次年的早春重新出现，因此可以在较长的一段时间内观察到。其幼虫以各种树木（榆树、桦树和多种李树）的叶子为食，而成虫则喜欢吃它们的汁液。

白钩蛱蝶

Polygonia c-album

蛱蝶科

40～50mm

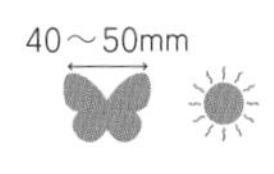

成虫期（月）

1	2	3	4	5	6	7	8	9	10	11	12

形态特征

翅膀边缘有锯齿，看起来像一片叶子。翅面大部为橙色，带有黑色斑点，边缘为深棕色。背面的颜色可以变化，但总是带有一个显眼的白色“c”，这也是其拉丁语学名中的“*c-album*”的由来。

栖息地

法国各地均有分布。在欧洲其他地区、北非和包括日本在内的亚洲各地也有发现。多出没于疏林和森林小径，但也喜欢在荒地和果园中生活。

生活习性

白钩蛱蝶、白弧纹蛱蝶……不同地方有不同的叫法。该物种很常见，可以在各类树丛中找到。每年产两代，翅膀的颜色各不相同，分为“春型”和“秋型”两种，前一代的颜色要比后一代的浅。通常寄生在荨麻上，但也可能生活在榛树、黄花柳或蛇麻上。成虫越冬，因此全年都可能观察到。

火眼蝶

Pyronia tithonus

蛱蝶科

35～50mm

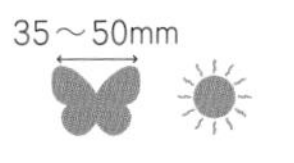

成虫期（月）

1	2	3	4	5	6	7	8	9	10	11	12

形态特征

翅面为黄褐色，边缘有宽阔的深棕色边框。两个前翅末端分别有一个带有两个白色瞳孔的眼斑，这一眼斑同时也出现在翅膀背面。这一典型特征将其同莽眼蝶（*Maniola jurtina*）区分开来。雄虫前翅中室内有棕色发香鳞，后翅背面呈斑驳的棕色，边缘颜色较浅。在地中海地区，可能会与南方火眼蝶（*Pyronia cecilia*）混淆。

栖息地

在法国各处都有分布，经常出没在荒地、树篱、林缘甚至花园中。

生活习性

一年产一代，多出现在7月。雄虫会比雌虫早几天出现。其幼虫以禾本科植物为食。成虫喜食花卉，经常可以在悬钩子（*Rubus* sp.）丛中的花朵上，以及唇形科植物（如薄荷、牛至等）上发现它们。

探索：

大型哺乳动物

当我们在森林或山地游玩的时候，有可能会幸运地偶遇这些大家伙，它们总是让人难以忘记。虽然它们会因为我们的到来而隐藏自己，但我们仍然能够根据它们已经留下的痕迹来发现它们的踪影。

森林中的大家伙

欧洲马鹿（1）几乎很难碰到。它们生活在森林深处，只在夜间出现在林中空地或者草地上觅食。相对来说，野猪（2）出现的频率就高很多。它们会在灌木林中四处翻动土地，寻找蠕虫和昆虫，并且可以在夜间轻松移动数十千米来觅食。看到狍子（3）的概率则更大，它爱吃青草，喜欢生活在草地附近的灌木丛中，这里的树篱中还有令它嘴馋的嫩芽和浆果。偶尔也可以看到狐狸（4）；但是它的好朋友獾（5）却是夜猫子，基本上难觅踪影。

实用知识

獾为了挖洞可以移动数十吨重的泥土。它的藏身之所由数个通道组成，每个长达15m，深达3～4m。这一复杂的系统分为好几层，并且有多个出入口。

中型哺乳动物

小斑獛（6）非常罕见，它看起来像一只小豹子，喜欢在树枝间跳跃。与之相比，石貂则更常见，它非常好奇，能够穿过很小的缝隙。黄鼠狼在受惊时会散发出难闻的气味。穴兔（7）喜欢在草地上嬉戏，而长着大耳朵的野兔则很胆小。

实用知识

野兔的平均奔跑速度可达60km/h，它还可以进行2m高的垂直跳跃。岩羚羊则保持着8～10m的跳远记录。

山地哺乳动物

在山区，最容易观察到的无疑是土拨鼠了。在冬眠之外的5月到9月，它喜欢在岩石上晒太阳或者站在洞穴的入口处。偶尔可以在十分陡峭的斜坡，甚至岩壁上看到岩羚羊。最后，虽然几率很小，在极少数的情况下还是可能会碰见狼和熊一类的猛兽。

欧亚莺

15cm

筑巢期（月）

1	2	3	4	5	6	7	8	9	10	11	12

形态特征

身形矮壮，略显魁梧。雄鸟喉部的羽毛为橙红色，稍显臃肿。尾巴、头部和翅膀上覆盖着黑色羽毛。飞行时能看到翅面上宽阔的白纹以及白色的臀羽。喙为三角形，短而有力，非常典型。除喉部羽毛为淡黄色外，雌鸟同雄鸟的羽毛颜色基本一样。

栖息地

经常出没于茂密的灌木丛和果园，甚至在公园和花园中也能看到。在山区，它喜欢待在山毛榉、桤木和松林附近。

生活习性

尽管欧亚莺总是以5只为一组飞行，但却不容易被发现，这是因为它们喜欢在茂密的树叶间活动。在冬天的喂鸟器上可以更容易地观察到它们。

实用知识

因为有可能伤害到花蕾和嫩芽，所以果园的主人经常会驱赶它们。再加上对植物进行的检疫处理，这些都导致了其种群的减少。

如何喂养？

虽然它很少出现在喂鸟器上，但仍可以选择投喂它喜欢吃的葵花籽、花生、干浆果、碎坚果或者专门为森林鸟类准备的混合饲料。

紫翅椋鸟

22cm

筑巢期（月）

1	2	3	4	5	6	7	8	9	10	11	12

形态特征

羽毛几乎全黑，在阳光下泛着彩虹色的光泽。在繁殖期之外，体羽上会有很多白斑。喙为黄色，很尖，末端为黑色。当它在空中盘旋时，能够很清楚地看到其三角形轮廓，这也是辨认指征之一。

栖息地

主要生活在公园和花园以及林木茂盛的地方，特别是阔叶林。

生活习性

群居，叫声嘈杂。喜欢生活在高大的树枝或草坪上，会聚集在地面上啄食。以其模仿能力（可以模仿多达20种不同鸟类的叫声！）而闻名，并会将其他鸟儿的叫声融合到自己的啁啾声中。

实用知识

通过科学研究，人们开始了解紫翅椋鸟的个体是如何在成百上千只鸟的大群（叽叽喳喳声）中找到并确定自己的位置的。这场壮观的“芭蕾舞剧”可以吓倒潜在的掠食者。

松鸦

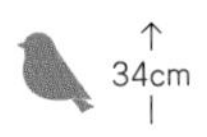
34cm

筑巢期（月）

1	2	3	4	5	6	7	8	9	10	11	12

形态特征

羽毛别具一格：身体的大部分为棕色，略带粉红色，飞行时可以看见翅面上蓝色的翼镜和清晰可见的白色臀羽。口角至喉侧有一显眼的深棕色颊纹，形似胡须。喉部其他地方有白羽。飞行时可见翅上辉亮的黑、白、蓝三色相间的横斑。

栖息地

多生活在有树木的地方，如茂林和花园。

生活习性

鸣叫声音大且刺耳，很容易辨别。主要以橡子为食，它会慢慢收集并将其藏在树干中或掩埋在地下。胆小易受惊，只有在清晨时才敢靠近喂鸟器。

实用知识

常被看作“森林警报员”，因为它响亮而刺耳的叫声可以提醒所有附近的动物小心危险的接近。

如何喂养？

冬天时，可以在喂鸟器中放花生、大颗粒的种子，以及燕麦。

旋木雀

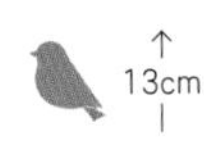
13cm

筑巢期（月）

1	2	3	4	5	6	7	8	9	10	11	12

形态特征

体型跟山雀差不多大。爬树的动作很有特点，它会粘在树干上向上爬。喙细长且下曲，引人注目。其羽毛颜色可以帮助它很好地与树皮融为一体。胸腹和两肋的羽毛呈灰白色，喉咙处也是如此。眼睛处有灰白的眉纹划过。

栖息地

常出没在公园和疏林中。

生活习性

胆小谨慎，但被发现后也不一定表现得很怕人。

请勿混淆

与短趾旋木雀之间可通过叫声来区别。后者腹部更灰暗，眉毛突出，喙更细长。

欧亚鸴
雌鸟
松鸦
紫翅椋鸟
飞翔中的鸟群
繁殖期外的
羽毛形态
旋木雀
旋木雀
短趾旋木雀

锡嘴雀

18cm

筑巢期（月）

1	2	3	4	5	6	7	8	9	10	11	12

形态特征

锡嘴雀与燕雀的羽毛颜色基本相同，且身上有同样宽阔的白色带斑。但锡嘴雀体型更大，且有典型的三角形喙，强壮有力，浅灰色中略带蓝色。头大，羽毛为橙色。在交配季节，雄鸟翼尖会变成蓝色。飞行时，翼下的黑白花纹清晰可见。

栖息地

多生活在桦树林、白蜡林和鹅耳枥林。在公园、花园和果园中也可看到。

生活习性

强壮有力的喙能够帮助它打破樱桃和李子的核，并能以桦树和白蜡树等的果实为食。它安静且警觉，即使栖息在树梢上也很难被人察觉。

实用知识

最好在远离住宅区的高处放置喂鸟器，这样更容易吸引到它。

如何喂养？

首先要选择一个安静的地方，其次在喂鸟器中可以放葵花籽、水果（樱桃等）和核桃。

戴胜

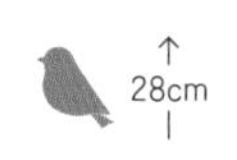
28cm

筑巢期（月）

1	2	3	4	5	6	7	8	9	10	11	12

形态特征

有着黑白色的羽冠（具体颜色形态要看羽冠是否展开），特征明显，极易识别。身体上部为红褐色，下部有黑白条纹，看上去像被“切成两半”，这也是识别指征之一。喙长且略下曲。

栖息地

主要生活在森林、草地和果园中，也可以在公园和花园中看到。

生活习性

易受惊，因此通常首先通过它的叫声来识别。鸣声似“扑—扑—扑”，粗壮而低沉，老远就能听到。其飞行姿态能让人联想到蝴蝶。

实用知识

会散发难闻的气味，这能有效防止潜在的掠食者靠近其当作巢穴的树洞。

红交嘴雀

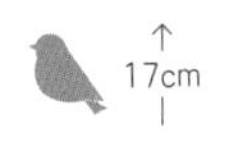

17cm

筑巢期（月）

1	2	3	4	5	6	7	8	9	10	11	12

形态特征

雄鸟通体砖红色，胸部尤为明显。雌鸟从胸部到臀部均呈暗橄榄绿或染灰色。喙的尖端相交叉，这是该物种的典型特征。

栖息地

大多生活在山区的云杉林中，它们会根据云杉的生长期而迁徙。平原地区较为罕见，偶尔会出现在冷杉林和果园中。该物种会进行不规则的扩散，目前其分布区域已到达布列塔尼地区。

生活习性

性活跃，不易受惊，喜小群生活。其外观会让人联想到鹦鹉。因其上下嘴相侧交，因此通常用抓住松果拔出种子的方式觅食，独树一帜。

实用知识

喙的特有形状使其能方便地从松果中拔出种子，但却无法让其捡起已经掉落在地面的松子。

如何喂养?

会来（垂直放置的）喂鸟器中吃放好的葵花籽。

茶腹鳾

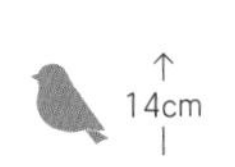

14cm

筑巢期（月）

1	2	3	4	5	6	7	8	9	10	11	12

形态特征

背部羽毛呈深灰色，与橙红色的腹部形成鲜明的对比，极具辨识度。喉部和脸颊为白色，有穿过眼睛的黑色眉纹。短短的尾巴让它的轮廓显得十分特别。飞行中可以看到有着黑白边缘的尾羽。

栖息地

多生活在长有老树的公园或花园中，也出没于树林。

生活习性

唯一一种能头向下尾朝上往下爬树的鸟类！夫妻结对生活和迁徙，从不成群。害怕人类，但对其他鸟类富于侵略性，常在觅食时主动驱赶。

实用知识

它能像山雀一样用喙猛烈啄食坚果或榛子，从而吃到里面的果肉或种子。

如何喂养?

平时会吃悬挂在树上的球状鸟食（译者注：一种由种子、坚果和植物油脂混合而成的鸟食，可手工制作，也可专门购买），也可以在喂鸟器中放葵花籽和核桃。

大杜鹃

32cm

形态特征
轮廓修长，飞行快速而有力，酷似猛禽。当水平栖息时，尾羽会稍微抬起，这是其物种特征之一。腹部有黑白条纹，颏、喉、上胸及头和颈等的两侧均为浅灰色。腿、眼睛和喙基为黄色。

栖息地
通常出没在与其寄生的宿主（特别是林岩鹨和白鹡鸰）相同的环境中，如茂密的灌木丛和耕地等。

生活习性
其特有的“布谷”声粗犷而嘹亮，很远都能听到。但除非它改变位置，否则很难看到。如果模仿其叫声，它会因好奇而靠近。不筑巢，繁殖期多有变化。

实用知识
它有着臭名昭著的寄生行为，每个繁殖季都会一次接一次地在另一个物种的多个鸟巢内产卵，产卵次数达5～20次。它的卵会模仿宿主的卵，而且当小杜鹃被孵出之后，它会将其他的蛋推出鸟巢，并不断地骚扰养父母，以获取食物。

冠山雀

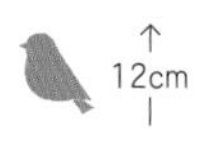
12cm

筑巢期（月）
1 2 3 4 5 6 7 8 9 10 11 12

形态特征
顾名思义，可以通过其黑白相间的羽冠来识别。这一羽冠有时展开，有时收起。头部主要为白羽，但脸颊边缘为黑色。喉部有黑羽，形似围嘴，并将喉部和腹部分开。背羽为褐色，腹部呈浅黄色。

栖息地
主要生活在松林中，在法国北部的果园中也有出没。公园和花园中偶尔也能看到其身影。

生活习性
会与其他的山雀一同生活。不易受惊，但喜静，喜欢茂密的遮盖物，因此不易被发现。

实用知识
其食谱会随着可利用的食物的丰富程度而改变：冠山雀在春夏两季是食虫动物，冬天则吃谷物和果实。

如何喂养？
在极少数情况下会吃放置在喂鸟器的球状鸟食、葵花籽和核桃。

金黄鹂

24cm

筑巢期（月）
1 2 3 4 5 6 7 8 9 10 11 12

形态特征
特征明显，几乎不可能同其他任何鸟类混淆。雄鸟除翅膀为黑色外，其余羽毛都是特有的金黄色。雌鸟周身较暗淡，很不起眼，腹部为白色，上有黑色条纹，背部呈橄榄绿色。像啄木鸟一样，呈波浪式飞行。

栖息地
常见于公园、大花园和树林，尤其是杨树林。

生活习性
虽然它的羽毛很引人注目，但金黄鹂生性低调，大部分时间都隐藏在茂密的树叶中。主要在树冠部分活动。

实用知识
鸣声清脆婉转，富有弹音，是最先引起人注意的地方。

大斑啄木鸟

22cm

筑巢期（月）

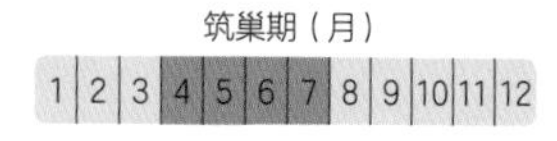

形态特征
主要有黑白两种羽毛。颅顶、喙边、背部和翅膀为黑色；脸颊、喉部、腹部和颈背为白色，飞行时翅膀上的白色翼镜和形似虚线的一系列点状白斑十分显眼。下腹鲜红色，雄鸟枕部为红色。

栖息地
多生活在森林中，但在公园和树木繁茂的花园中也能看到，甚至会偶尔出现在市区里。

生活习性
春天时，我们可以通过其在树干上的标志性“敲击”而认出它。为了觅食，它会先用喙将树皮撕掉，然后再鼓起勇气将喙或舌头伸入树干中（最深达10cm），并以生活在该处的害虫为食。

实用知识
它在春天啄木并不总是为了食物，主要是为了标记领地和求偶。它会选择老木，也会啄水桶或者檐槽。有时甚至会猎食其他鸟巢中的雏鸟。

如何喂养？
会吃喂鸟器中的球状鸟食、燕麦、核桃和榛子。

展开的羽冠
冠山雀
收起的羽冠
大杜鹃
金黄鹂
雌鸟
雄鸟
大斑啄木鸟

第四章

山地

向山顶进发！向上攀登虽然有时很艰难，但每一步的努力都会有回报。走过斜坡，爬上山脊，穿越山口或溪流，我们能看到与谷底截然不同的原始风光，连在那里呼吸都是幸福的……

这里的生灵们或以悬崖为家，或以激流为伴，在森林和苔原之间尽情生长。山上有树木、开花植物、鸟类和昆虫，它们都已经适应了恶劣的高山气候。它们的美无与伦比，它们的坚韧令人钦佩。

此处离天三尺三，是谁在这里恣意生长？下面这朵从没见过的奇形怪状的花叫什么名字？还有这种长着长触角的蓝灰色昆虫，它又是什么物种？

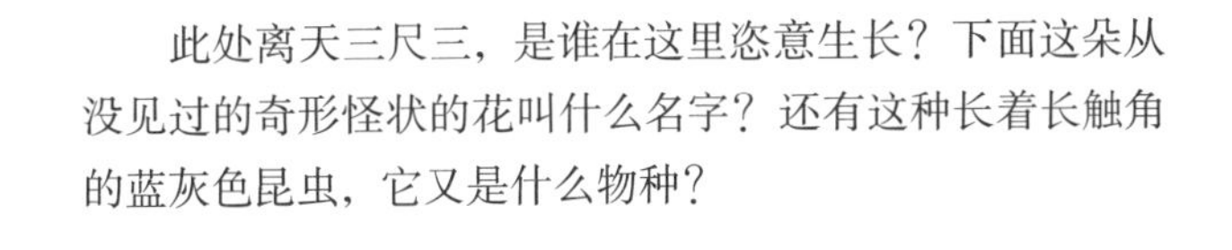

越橘

Vaccinium vitis-idaea

杜鹃花科 20～50cm 花期（月）5—8

形态特征

常绿灌木，枝叶青翠，外观与其近亲熊果相似。叶片小，椭圆形，有光泽。结鲜红色的小浆果。与熊果不同的是，它的花为白色或粉红色，且不是钟形管状花。其花期也比熊果稍晚。

栖息地

欧洲所有山地几乎都有分布。多生长在湿地、泥炭沼泽和针叶林中。

实用知识

与熊果一样，越橘也有利尿和抗菌的特性，可用于缓解尿路感染。与大多数具有利尿功能的植物一样，应避免在肾功能衰竭的情况下使用，并及时寻求专业人士的帮助。叶子可以用来泡茶，市场上经常可以找到以越橘嫩芽为原料的饮品。果实煮熟之后可以食用，味道佳。

欧前胡

Imperatoria ostruthium

伞形科 40～70cm 花期（月）6—8

形态特征

多年生草本，形态美丽，有芳香，无毛。基生3片较大的小叶，每片小叶均为椭圆形三裂叶，边缘有明显锯齿。茎上有条纹，内部中空。茎上生短叶，叶柄带圆顶。伞形花序，较大，花白色。结扁平的小翅果。鉴于其特殊的栖息地以及宽阔的叶片，不会被误认为是其他有毒的伞形科植物。

栖息地

在欧洲各处的山地均可见，多生长在湿草地和水滨。

实用知识

欧前胡含有芳香精油，曾经因其药用特性而备受欢迎。但是没有人对其食物特性进行过专门的研究。芽和嫩茎去皮后可生吃。叶子很香，口感略苦，最好做成蔬菜汤、馅饼或焗菜食用。果实可作香料。

亨利藜

Blitum bonus-henricus

苋科 30～60cm 花期（月）5—8

形态特征

多年生草本，叶片宽阔，长柄，略呈三角形。穗状花序顶生，花浅绿色，结黑色种子。茎上部的叶子触感明显，会在手指上留下粉状沉积物。请不要与幼时的斑叶疆南星（*Arum maculatum*）弄混。后者叶片较厚且有光泽，而且多见于森林中。

栖息地

喜欢生长在阴凉处和牧场的肥沃土壤上，欧洲大部分高地均可见。

实用知识

亨利藜富含维生素（A、B和C）和磷、铁等矿物质。另外，它含草酸，不宜经常食用。嫩叶可生吃，老叶更苦，适合做汤、馅饼和焗烤。花序也可食，通常蒸制。种子在过完两遍水之后也可食用。

仙女木

Dryas octopetala

蔷薇科 5～15cm 花期（月）7—8

形态特征

多年生常绿半灌木，植株矮小，匍匐，基部多分枝。叶椭圆形，有光泽，叶脉突出，边缘外卷，有圆钝锯齿。叶面下有白色绒毛。花大，单生，每根茎上都有一朵。花瓣白色，花心为黄色，雄蕊多数。瘦果矩圆卵形，有羽状绢毛，会让人联想起蒲公英的果实。

栖息地

分布于欧洲西部和北部以及北美洲。多生长在高山草甸和多石地形。

实用知识

仙女木常作开胃菜，可刺激食欲和促进消化。它还具有收敛性，可用于治疗腹泻、各类口腔疾病和扁桃体炎。不建议孕妇或哺乳期妇女食用。此外，它含有单宁酸，大量食用会引起消化系统疾病，最好有专家指导。传统上可以将仙女木泡茶饮用，或者作为漱口水使用。

越橘
欧前胡
亨利藜
斑叶疆南星
仙女木

山金车

Arnica montana

20～60cm

菊科

花期（月）

1 | 2 | 3 | 4 | 5 | 6 | 7 | 8 | 9 | 10 | 11 | 12

形态特征

多年生草本，略被毛。基生叶呈莲座状叶丛，叶直立或匍匐。叶片椭圆形，有的顶端尖，有的钝。茎生叶较罕见，通常对生且无柄。头状花序，外围花瓣大，中央密集簇生，形似太阳，亮黄色，又像一朵微型向日葵。瘦果上有短柔毛，与蒲公英类似。

栖息地

主要生长在欧洲各个山脉中的贫瘠草地、牧场和沼泽。

实用知识

众所周知，山金车可以有效缓解各种挫伤（如血肿、戳伤和创伤），以及风湿性关节疼痛。它还具有抗炎、镇痛和抗菌功效。大剂量使用时还可以作为强心剂，但请务必在医生的指导下使用！干花和根可以用来泡茶，或者做成煎剂和母酊剂，还可以制成油性浸渍剂，作为制作软膏的基础。

伞形花序蒿

Artemisia umbelliformis

6～20cm

菊科

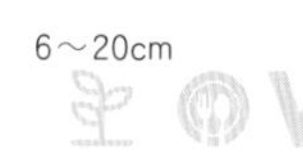

花期（月）

1 | 2 | 3 | 4 | 5 | 6 | 7 | 8 | 9 | 10 | 11 | 12

形态特征

多年生草本，十分矮小，有芳香。基生叶呈莲座状叶丛，叶柄长，裂叶会继续分裂为条状。叶片泛白，表面柔滑。头状花序，呈黄色，于植株上部的叶片下腋生，并成串分布于茎上。法国的高地上还存在另外3种蒿属植物，均可食用，但不能随意采摘，其中的绒蒿（*Artemisia eriantha*）甚至被禁止食用。

栖息地

多分布于欧洲中部海拔高达3200m的高山地带的岩石区。

实用知识

伞形花序蒿含有芳香精华和侧柏酮，大量食用有害健康，孕妇应避免食用。花束干燥之后可用来泡酒，是各类开胃酒和利口酒的原材料之一，包括著名的查尔特勒酒。采摘的时候请小心，避免将整株拔起。

黄龙胆

Gentiana luttea

60～120cm　　花期（月）

龙胆科

1 | 2 | 3 | 4 | 5 | 6 | 7 | 8 | 9 | 10 | 11 | 12

形态特征

多年生草本，植株高大，形态优美。茎粗壮，上生阔叶，为椭圆形，顶端尖。叶无柄，对生，像长叶车前一样有着平行的纵向叶脉（参见第23页）。花黄色，从上到下轮生于叶腋，在茎上形成花束。开花前可能会与白藜芦（*Veratrum album*）混淆，后者叶子互生，叶面下有绒毛。

栖息地

多生长在欧洲和小亚细亚山区的牧场和疏林中。

实用知识

黄龙胆可作为开胃菜（以刺激消化），缓解食欲不振和轻度消化系统疾病（如腹胀、痉挛、恶心等），也可作为抗抑郁药。用量请适度，且不建议在有溃疡或胃炎的情况下使用，具体剂量应听从专业人员的建议。根可以用来泡茶，或作为母酊剂使用，还可以用来酿制具有药用特性的葡萄酒和利口酒。

齿叶羊苣

Aposeris foetida

10～30cm　　花期（月）

菊科

1 | 2 | 3 | 4 | 5 | 6 | 7 | 8 | 9 | 10 | 11 | 12

形态特征

多年生草本，无毛。基生莲座状叶丛，叶片长，裂叶，像锯齿一样有多个对称的小裂片，从基部到顶部逐渐变宽，故名齿叶，这是该物种的典型特征之一。齿状裂叶末端小叶较大，呈三角形。头状花序，小花众多，为黄色的舌状花。不必担心同有毒物种混淆。

栖息地

多分布于欧洲中部高地的石灰质土壤上。常见于疏林、斜坡和草地等。

实用知识

齿叶羊苣与其近亲蒲公英类似，营养丰富，但并未有人专门研究过其食物属性。叶片被揉搓时会散发出一种奇特的土豆气味。可切碎后拌入沙拉生吃，也可作为蔬菜食用，烹饪方法多种多样。

熊果

Arctostaphylos uva-ursi

杜鹃花科 20～60cm 花期（月） 1 2 3 4 5 6 7 8 9 10 11 12

形态特征

匍匐性小型灌木，常密集簇生。茎淡红色，叶子常绿。叶片为椭圆形，质地硬且厚，表面有光泽。钟状小花，白色，末端带有淡淡的粉红色，簇生于枝头，向下低垂。结红色球状小浆果。

栖息地

广泛分布于欧亚大陆和北美洲。喜阴凉，多生长于高山地带多石的荒地、沼泽或灌木丛。

实用知识

熊果具有强大的利尿和灭菌作用，非常适合治疗各种类型的尿路感染。不建议儿童以及孕妇或哺乳期妇女使用。另外，连续使用时间不应超过一周，而且使用前最好咨询专业人士的意见。叶子可以泡茶，也可制成母酊剂。浆果煮熟之后可食用。

柳兰

Epilobium angustifolium

柳叶菜科 50～150cm 花期（月） 1 2 3 4 5 6 7 8 9 10 11 12

形态特征

多年生草本，形态秀丽。叶螺旋状互生，披针状长圆形，顶端尖。叶片向外舒展，叶背有一条长叶脉，呈粉红色。茎红色，总状花序顶生，小花有4枚花瓣，多为亮粉色。萼片4枚，较窄，呈紫红色。可能会同其他柳叶菜科植物相混淆，均无毒。

栖息地

广泛分布于北半球各地，尤其是中等海拔的山地。常生长在林缘和荒草地。

实用知识

柳兰有收敛作用，可缓解腹泻和喉咙或口腔的炎症。其黏质可软化发炎的肠黏膜。还可作为利尿剂，用于治疗尿路感染，但不建议孕妇或哺乳期妇女使用。此外，其所含的单宁酸会刺激敏感人群的肠胃。刚开花时采摘的叶片可以用来泡茶或制成漱口水和母酊剂。其花蕾和嫩芽也可食用，味道鲜美。

穗花牧根草

Phyteuma spicatum

桔梗科 30～80cm 花期（月） 1 2 3 4 5 6 7 8 9 10 11 12

形态特征

多年生草本。基生叶较宽阔，呈细长的心形，边缘有齿，叶柄长。茎生叶短而无柄。穗状花序，较长，小花密集簇生，多呈白色或蓝色。小花初开时紧密相邻，随着花龄增长而逐渐散开。可能会跟其他牧根草混淆，甚至可能会与开花前的香堇菜搞混。但请放心，以上几种植物均可食用。

栖息地

遍布欧洲各地，多生长在山地的树林和牧场，偶尔也会出现在平原地区。

实用知识

穗花牧根草的根富含碳水化合物和矿物盐。嫩叶微甜，可拌入沙拉生吃。花蕾也可作为沙拉生吃，还可以像芦笋一样蒸熟食用。根煮熟之后香甜可口。出于保护该物种的考虑，请尽量在穗花牧根草长得比较茂盛的时候再采集其根部食用。

新风轮菜

Clinopodium nepeta

唇形科 20～80cm 花期（月） 1 2 3 4 5 6 7 8 9 10 11 12

形态特征

多年生草本，多分枝，叶椭圆形，十字形交错对生，全缘或有细锯齿，揉搓时会散发出令人愉悦的薄荷味。花期较晚，开唇形花，轮生于茎上，形成花束。花瓣通体洁白，或点缀着淡紫色斑点。

栖息地

分布于欧洲大部分山区。多生长在干燥多石的土壤上，如道路边缘、草地和荒地。

实用知识

如果有消化困难、肠痉挛和腹胀等症状，可以食用新风轮菜缓解。最新研究表明，该植物还具有预防胃溃疡的功效。它甚至还被认为可以促进智力发育或脑力集中。植株的地面部分，如根茎叶等，不管是新鲜还是干燥的，都可用来泡茶。也可作为香料，为沙拉、各式菜肴和饮料调味增香，并顺便让你的膳食更有利于被肠道消化！

熊果
柳兰
新风轮菜
穗花牧根草

欧洲云杉

别称挪威云杉、圣诞树

Picea abies 或 *Picea excelsa*

花期（月）

针叶树  1 | 2 | 3 | 4 | 5 | 6 | 7 | 8 | 9 | 10 | 11 | 12

形态特征

针叶树，高度可达60m，树冠笔直呈锥状，有些品种枝条下垂。树皮呈赤褐色，老树裂成小块薄片。针叶小（约2cm长），深绿色，顶端锐尖，刺人，常于树枝上侧生和顶生。球果圆柱形，顶端呈锥状，棕色，较长，顶端朝下。果实会在树上裂开，释放出带有长翅的种子，然后掉落在地上。

栖息地

多生长在寒冷且潮湿的地区。在法国，它主要分布在山区。

实用知识

欧洲云杉的球果很受松鼠的欢迎，后者会一片片地剥开鳞片并吃掉其中的种子。它生长速度快，长得又直，是主要造林树种之一。但是，它的需水量很大，而且掉落的针叶会让土壤酸化。

欧洲银冷杉

别称孚日冷杉、银冷杉、普通冷杉

Abies alba

花期（月）

针叶树  1 | 2 | 3 | 4 | 5 | 6 | 7 | 8 | 9 | 10 | 11 | 12

形态特征

植株高大笔直，树冠呈绿色金字塔状，高度可达50m。在老树上，树枝多呈水平分布。树皮光滑，初为灰色，后裂为小块。随着时间的推移，浅绿色的针叶很快会变成深绿色。针叶长2～3cm，多生长在小枝的侧面（偶有顶生），不刺人，叶面下有两条灰白色气孔线。球果呈棕红色（约15cm×4cm），多生长于树顶，顶端朝上。果实会在树上裂开，释放出带有长翅的小种子，借助风力传播。

栖息地

在山地十分常见，也生长在公园和花园中。

实用知识

欧洲银冷杉在法国布列塔尼和诺曼底等地常被用于植树造林。

花旗松

别称北美黄杉

Pseudotsuga menziesii

花期（月）

针叶树  1 | 2 | 3 | 4 | 5 | 6 | 7 | 8 | 9 | 10 | 11 | 12

形态特征

高大乔木，树干笔直细长，树冠呈锥形，高度可达60m。幼树树皮光滑，呈灰色，老树树皮厚，为橙棕色，深裂成鳞状。针叶绿色，柔软细长，背面有细细的气孔线。针叶交错生长在树枝周围，揉搓时会散发出香茅草的气味。球果成熟时顶端朝下，体积很小（长度仅为6cm），有"苞鳞"，位于主鳞之间，形如三裂小叶，柔软可滑动。果实会在秋天裂开，释放出带翅的种子，然后掉落在地上。

栖息地

主要分布在法国东部和中部，广泛生长在人工林中。

实用知识

花旗松在其原产地美国西海岸可以长到100m高！

欧洲落叶松

Larix decidua

花期（月）

针叶树  1 | 2 | 3 | 4 | 5 | 6 | 7 | 8 | 9 | 10 | 11 | 12

形态特征

树干笔直，树冠呈锥状，高度可达40m。是欧洲唯一一种冬季落叶的针叶树！幼树树皮光滑，呈灰色，随着树龄增长慢慢变成暗灰褐色，并开裂脱落。针叶细小，嫩绿色，簇生于树枝上，也在一年生枝周围丛生。随着季节的变化，针叶会慢慢变黄，然后在秋天变红，最后在冬天脱落。春天开花，针叶也于此时萌发。雌花为粉红色。球果很小（2～4cm长），熟时淡褐色，顶端朝上。它们可以长时间留在树上。

栖息地

在阿尔卑斯山有野生分布，在法国孚日山脉和中央高原也被当作主要的造林树种之一。

实用知识

欧洲落叶松的木材极为耐腐，很受木工和细木工的欢迎。

欧洲云杉
刺人的针叶
欧洲银冷杉
细枝形叶背面
细枝形叶正面
花旗松
欧洲落叶松

欧洲赤松

别称苏格兰松、海拉尔松

Pinus sylvestris

针叶树　35m　花期（月）1 2 3 4 5 6 7 8 9 10 11 12

形态特征

当其生长在森林中时，通常轮廓细长，树冠呈锥状；而当其单独生长时，树冠则呈圆形。高度可达35m。幼树树皮为灰红色，然后变成灰色，并有红棕色的裂缝。针叶一般大小（5～7cm长），略厚，偶有弯曲，成对生长在树枝周围。球果很小（5～8cm长），会留在树上两年，之后掉落。初细长，绿色，成熟后变成灰褐色，最后裂开并释放出带翅的种子，借助风力传播。

栖息地

通常野生于山上，但也常作为观赏树栽培。

实用知识

因其能够适应多种环境，欧洲赤松被广泛用于植树造林。

垂枝桦

Betula pendula

阔叶树　30m　花期（月）1 2 3 4 5 6 7 8 9 10 11 12

形态特征

树干细长，轮廓挺拔，高度可达30m。幼枝上的树皮光滑，呈棕色，随着时间的推移会慢慢变成白色。树干上的树皮会开裂，形成菱形裂片，老树树皮会变成棕黑色。叶片小，多为三角形或菱形，边缘具密集锯齿，无毛。秋天时叶子会变成金黄色。雄花呈絮状，和雌花存在于同一个树上。结小坚果，随风飘散。

栖息地

在法国随处可见，对生长环境的要求很低，但需要充足的光照。花园和公园中多有种植。

实用知识

春天时可收集垂枝桦新鲜的树液，可以直接饮用，也可将其发酵制成桦树酒。

花楸

别称欧洲花楸

Sorbus aucuparia

花期（月）

阔叶树 20m 1 | 2 | 3 | 4 | 5 | 6 | 7 | 8 | 9 | 10 | 11 | 12

形态特征

一般植株矮小，但也可长到20m以上。树皮呈灰色，光滑，上有水平缝隙。随着树龄的增长，树皮会变得粗糙。奇数羽状复叶，大约有15片小叶，边缘有锯齿。叶面为深绿色，叶背浅绿色且春天多毛。花白色，有芳香，昆虫喜食。结红色浆果，成串生长，直径约1cm，鸟儿很喜欢吃，并会将种子四处传播。

栖息地

常见于山区，但也生长在法国北部的平原上。

实用知识

花楸的果实可做成果酱或饮料食用，但种子有毒，需小心去除。

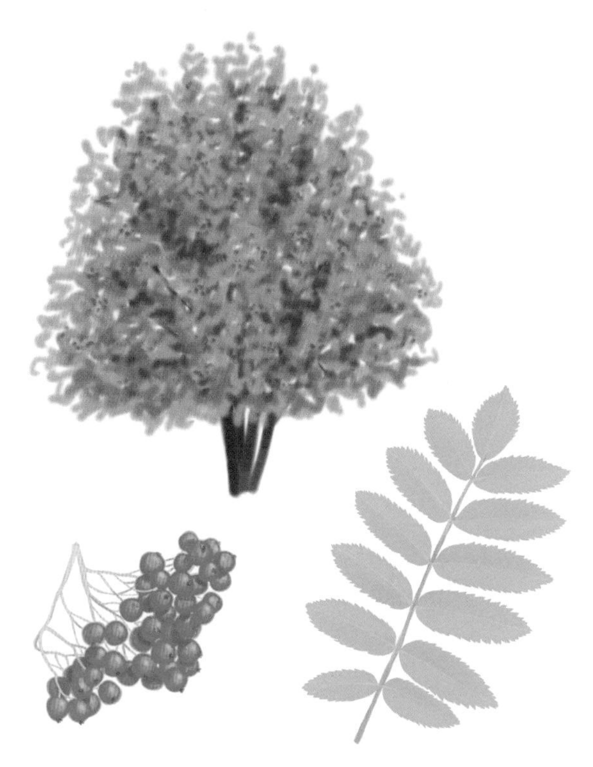

欧洲水青冈

别称欧洲山毛榉

Fagus sylvatica

花期（月）

阔叶树 40m 1 | 2 | 3 | 4 | 5 | 6 | 7 | 8 | 9 | 10 | 11 | 12

形态特征

大型乔木，枝叶茂密，可以长到40m高。森林中常见成群生长的欧洲水青冈，地面上因此铺满了赤褐色的落叶。树皮呈银灰色，略带水平槽纹。叶子边缘大部光滑，偶带圆齿。叶片椭圆形，表面有光泽，略呈革质。秋天会变成赤褐色，冬天留在树上，并在来年春天落叶。果实（即山毛榉果），为小型三角形坚果，有硬壳（即壳斗）。秋天裂开，露出棕色的坚果。

栖息地

主要生长在法国北部和东部，在法国南部和山区也有分布。欧洲水青冈是潮湿的温带地区的典型物种。

实用知识

山毛榉果可以像栗子一样烤着吃。

探索：

岩石

一块石头在手，我们就已经踏上了时间之旅：了解自然界中的岩石，就是了解几百万年间地球内部进行地质活动的历史，而岩石正是这一历史的产物。

岩石由多种矿物组成，可以呈现出不同的特性。当它很坚硬时，人们管它叫石头、鹅卵石或者碎石；当它体型很大时，就被人称为巨石。但有的岩石也可以像粉笔一样易碎，像湿黏土一样可塑，甚至能像沙子一样在手指间流淌。

来自地底深处的岩石

有些岩石来自地底深处：它们是炽热的岩浆冷却凝固后形成的岩浆岩。其中有玄武岩（1），它是火山岩浆快速冷却后产生的灰色且坚硬的石头。还有花岗岩（2），它由石英、长石和云母组成，是大量岩浆在地壳深处缓慢冷却产生的。最后是粗面岩（3），它是爆发性的火山活动的产物。

实用知识

花岗岩是大陆地壳的主要组成成分。玄武岩则构成了大洋地壳以及月海的表面。

分层的岩石

除上述几种岩浆岩之外，其他的岩石可以被称为沉积岩：它们是在陆地表面或海底由不同的材料层积聚后逐渐固化而形成，多含化石。沉积岩中有泥岩（5）、石灰岩（6），还有各类砂岩（7），它们是天然的混凝土。

实用知识

有时可以从岩石中找到化石。这是一种已经石化并保存在沉积岩中的动物（贝壳、甲壳等）或植物（叶子、树枝等）的残留物。目前已发现的植物化石数量远比动物化石要少。

岩石之间的交替演变

变质岩是由既有岩石在高温和高压作用下发生固态转变而形成的岩石。最常见的变质岩是片麻岩（8），源自花岗岩，两者成分相同，但片麻岩具有片麻状构造或条带状构造。片岩（9）源自泥质岩并呈层状，其中的板岩为板状结构，可剥成薄片。大理石也是一种变质岩，源自石灰岩。

构成岩石的矿物质

岩石通常由多种矿物组合而成。矿物是一种有着有序原子结构和确定的化学成分的固体，也可被描述为结晶材料。

石英（10）是最常见的矿物：呈粉红色或乳白色，甚至有美丽的紫色，如紫水晶（11）。长石是继石英之后最常见的矿物。有些矿物表面有亮丽的颜色带，如玛瑙（13）。云母为层状结构，会剥落成大量碎片。黄铁矿（14）具有金属黄色外观，形似黄金。含有铜的矿物可以是孔雀石（15），呈绿色，或石青（16），呈蓝色。

高山角甲虫

Rosalia alpina

鞘翅目　15～38mm　成虫期（月）1 2 3 4 5 6 7 8 9 10 11 12

形态特征

通体蓝灰色。触角结实，上有黑色斑点。雄虫的触角大大超出腹部，且雌虫比雄虫大。鞘翅上长满绒毛，有3对黑斑。

栖息地

高山角甲虫同时分布在两种不同类型的栖息地：高海拔地区的山毛榉森林和平原的河岸森林（即与水生环境相接的树林）。

生活习性

高山角甲虫形态美丽，最初生活在山地，是大山的象征，现已遍布法国本土的大部分地区。这种扩散可能是因为河流水位上涨，将滞留在树干或原木中的幼虫运输到各地。腐食性，幼虫在发育过程中以死木为食，生长期长达2～3年。此外，成虫只能存活十来天，但在白天非常活跃，并且不怕人。

西伯利亚蝗

Gomphocerus sibiricus

直翅目　18～25mm　成虫期（月）1 2 3 4 5 6 7 8 9 10 11 12

形态特征

身体浅绿色，前翅和脸部为棕色。头部扁平，顶部有触角。腹部浅色，前面的腹节呈黑色。雄虫颜色较深，前足胫节明显肥大。如果观察不够仔细，可能会与异蛛蝗（*Aeropedellus variegatus*）混淆。

栖息地

常出没于干草地以及碎石和多石的环境。

生活习性

凡事总有例外，这是一只带翅膀的山地蝗虫！它在比利牛斯山脉和阿尔卑斯山南麓海拔高达3000m处仍可生存。因为其雄虫健壮的前腿，意大利人管它叫“大力水手”。它的鸣叫声急促，多有重复，听起来像“嗤嗤”声，是一个很好辨认的特征。秋天，雌虫会在埋在地下的卵鞘中产卵，来年春天幼蝗会破鞘而出。

比利牛斯角蚱

Cophopodisma pyrenaea

直翅目　16～26mm　成虫期（月）1 2 3 4 5 6 7 8 9 10 11 12

形态特征

颜色缤纷多样，身体粗壮，完全无翅（没有翅膀）。身体表面均为绿色。腹节上有黄色和黑色的环，将腹部分成多个小节。身体两侧均有黑点。后足腿节为橙黄色，胫节浅蓝色，上面还有一排白色的“刺”。雌虫比雄虫大很多。

栖息地

常出没于草地、干草甸或多石的地面。

生活习性

虽然在法国只有南部的几个省有分布，但该物种在其栖息地中繁衍得很好。比利牛斯角蚱是比利牛斯山的特有物种。天气明媚的时候，当你在当地海拔1500m高的地方徒步旅行时，总能碰到它。它色彩缤纷的外衣让人印象深刻，很有辨识度。这一特点甚至能帮你识别处于最后发育阶段的幼虫。成虫通常出现在6月底。

泰加大树蜂

Urocerus gigas

膜翅目　25～50mm　成虫期（月）1 2 3 4 5 6 7 8 9 10 11 12

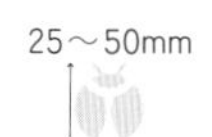

形态特征

身体大部为黑色，翅膀为茶色。腹部有两条黄色横纹，一条在腹部前端，较窄，一条在末端，较宽。眼睛、触角和腿也是黄色的，雌虫还有一个黄色的产卵器。

栖息地

主要生活在阿尔卑斯山、比利牛斯山和中央高原的针叶林中。目前，其栖息范围已经扩展到法国西南边和北边的海岸地区，以及布列塔尼半岛的末端。

生活习性

泰加大树蜂因其魁梧的体型而得名。然而，它凶狠的外表并不意味着它进攻性十足。雌虫的产卵器是一个真正的“钻头”，可以深深刺穿针叶树的树皮，并在其中产卵。卵会在树干或树枝中孵化成幼虫，并在其中生活和觅食，直到1～3年后才会变成成虫飞走。

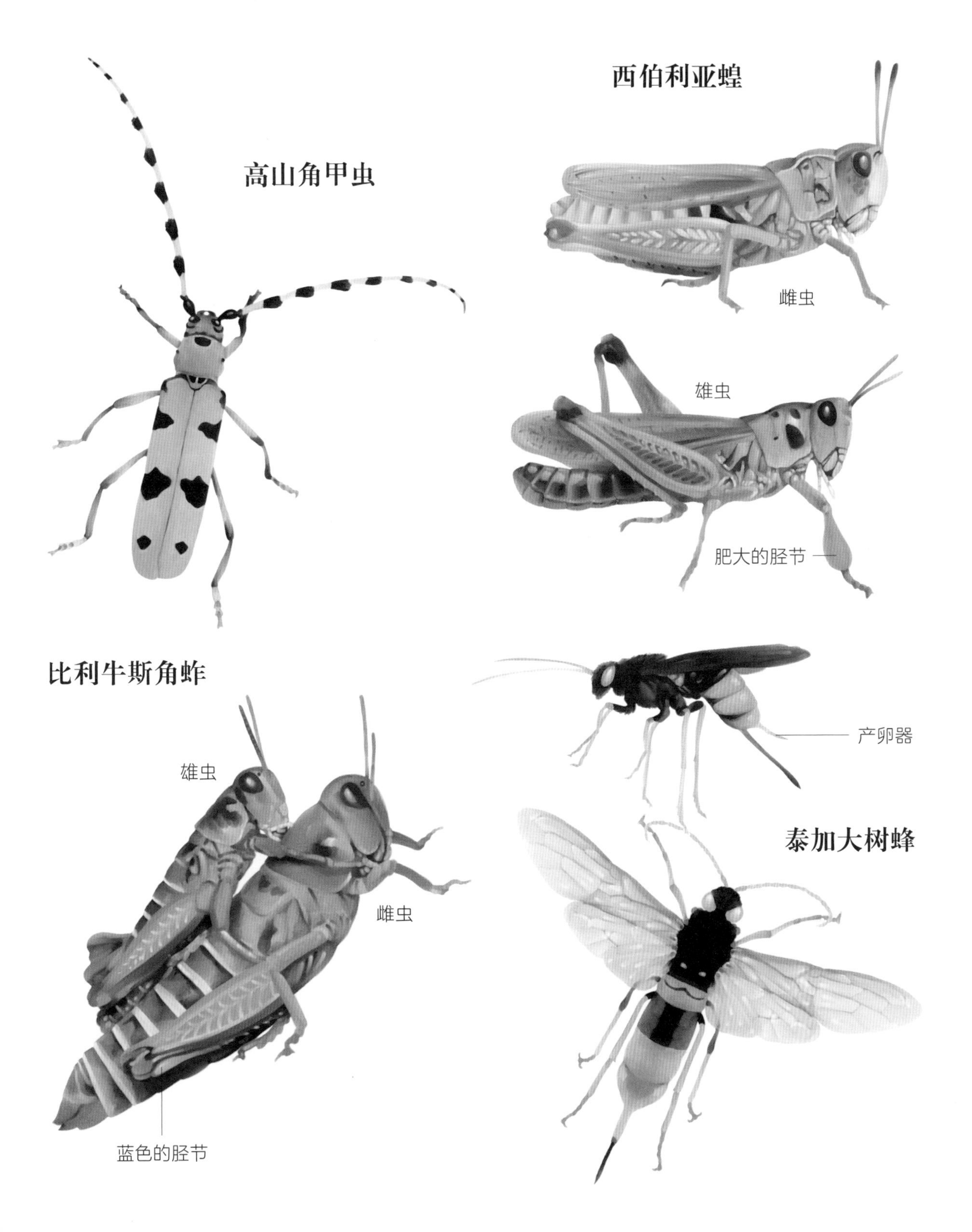
高山角甲虫
西伯利亚蝗
雌虫
雄虫
肥大的胫节
比利牛斯角蚱
雄虫
雌虫
蓝色的胫节
产卵器
泰加大树蜂

阿波罗绢蝶

Parnassius apollo

鳞翅目 65～75mm

成虫期（月）

1	2	3	4	5	6	7	8	9	10	11	12

形态特征

身体大部为乳白色，前翅有黑色斑点，边缘透明。后翅上有白色眼斑，带有红色和黑色的边框，背面更清晰。有多个亚种，颜色和图案各不相同。易与福布绢蝶（*Parnassius corybas*）混淆。

栖息地

主要分布于欧洲大陆的山区，喜阳，多出没于干燥的草地和多石的地形。

生活习性

阿波罗绢蝶生活在阿尔卑斯山和比利牛斯山海拔1000～2200m的范围内。形态美丽，有着独特的颜色和较大的体型，不容易让人忽视！不喜欢坏天气，如果有乌云，需等到天气放晴才会出来活动。寄主植物主要是黄花万年青（*Sedum album*），有时会选择长生草或虎耳草科植物。雌虫会将卵产在叶片下，卵过冬。

实用知识

由于寄主植物和栖息地的日益减少，该物种正变得稀有，在孚日山脉甚至已经消失了。

福布绢蝶

Parnassius corybas

鳞翅目 40～50mm

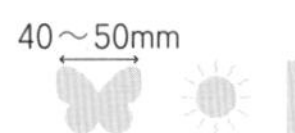

成虫期（月）

1	2	3	4	5	6	7	8	9	10	11	12

形态特征

阿波罗绢蝶的微缩版，除了大小之外，很难区分。但仔细观察的话，会发现两者之间还是有细微的差别。福布绢蝶前翅末端有黑色斑点，而且它触角上的黑色更明显。在法国，该物种还有两个密切相关的亚种：*Parnassius corybas sacerdos* 和 *Parnassius corybas gazeli*。

栖息地

欧亚大陆均有分布。在法国，主要分布于滨海阿尔卑斯省到上萨瓦省的山地。常出没于悬崖、碎石堆和其他开放环境。

生活习性

仅生活在阿尔卑斯山中。*P. corybas sacerdos*型亚种喜欢生活在靠近水的地方，如溪流、湖岸、泉水和潮湿的碎石边缘。*P. corybas Gazeli*型亚种则对环境要求较低，可能出现在各种类型的环境中。这两种亚种的寄主植物也不相同，前者是长生虎耳草（*Saxifraga aizoides*），后者是红景天（*Rhodiola rosea*）。

波翅红眼蝶

Erebia ligea

蛱蝶科 37～45mm

成虫期（月）

1	2	3	4	5	6	7	8	9	10	11	12

形态特征

身体以棕色为主。在翅面，每一只翅膀的末端均有一条橙色的斑带，上面镶有数个大小不一的眼斑，瞳孔白色，边缘黑色。这些眼斑也同样出现在翅膀背面，且前翅前端的眼斑旁还有一条向外开口的白色斑带。容易与其他红眼蝶混淆，如森林红眼蝶（*Erebia Medusa*）和艾诺红眼蝶（*Erebia aethiops*）。

栖息地

波翅红眼蝶主要分布于欧亚大陆的温带地区，很多地方都有发现。在法国主要存在于阿尔卑斯山、孚日山脉和汝拉山脉，以及中央高原。多出没于疏林、林中空地、荒地和林缘。

生活习性

波翅红眼蝶是典型的山地物种，生活在海拔700～2000m的阿尔卑斯山和中央高原。暂不属于保护物种，但在法国的几个省都出现了明显的种群数量下降。

西班牙月娥

别称伊莎贝拉

Graellsia isabellae

蚕蛾科 35～55mm

成虫期（月）

1	2	3	4	5	6	7	8	9	10	11	12

形态特征

两性异色，身体健壮，翅膀为绿色。雄虫和雌虫每个翅膀上都有一个眼斑，瞳孔为浅褐色和蓝色，边框为黑色。雄虫有羽毛状的触角和较长的尾翼，看起来像在飘浮。

栖息地

西班牙月娥是法国和西班牙的特有物种。在法国主要分布于东比利牛斯省和上阿尔卑斯省的附近地区。多出没于针叶林。

生活习性

西班牙月娥是具有神话色彩的山地蝴蝶，它的美丽吸引着来自世界各地的收藏家。每年的6月，毛毛虫开始出现，并以松针为食，秋季织蛹越冬。成虫不进食，只能活几天，但整个季节都有出现。

实用知识

菲利普·穆伊尔（Philippe Muyl）的电影《蝴蝶》中即出现了西班牙月娥，这也证明了它的名气。

雌虫
雄虫
阿波罗绢蝶
波翅红眼蝶
福布绢蝶
西班牙月娥
雄虫
雌虫

罕莱灰蝶

Lycaena helle

灰蝶科　25～30mm　成虫期（月）1|2|3|4|5|6|7|8|9|10|11|12

形态特征

有时被称为“紫灰蝶”或“阿尔戈斯紫蝶”，得名于几乎完全覆盖雄虫翅膀上部的紫色金属光泽。雌虫翅面上有着比雄虫更分散的蓝紫色闪斑，前翅上有橙斑和黑点。雄虫和雌虫翅膀背面的颜色相同，主要是橙色，上面排列着带白边的黑点。其特有的颜色组合使之很难跟其他灰蝶混淆。

栖息地

罕莱灰蝶从欧洲中部直到西伯利亚的边缘均有分布。在法国主要生活在比利牛斯山、中央高原、阿尔卑斯山和汝拉山等处的山地。多出没于潮湿的草地和林缘，或泥炭沼泽的周围。

生活习性

罕莱灰蝶每年产一代，根据海拔和地区的不同，出现的时间也或早或晚。喜欢生活在生长着拳参的开阔地带。拳参是幼虫的寄主植物，成虫也会在此觅食。幼虫在夏末化蛹，并保持这一形态过冬。

高山白斑弄蝶

Pyrgus andromedae

弄蝶科　25～30mm　成虫期（月）1|2|3|4|5|6|7|8|9|10|11|12

形态特征

体型较小，深棕色的翅膀上有一条细长的白色条纹，前翅上装饰着白色的四边形斑点。翅膀背面为浅棕色，散布着白斑。后翅基部有白点和形似破折号的白纹，组合起来像一个感叹号，这是该物种的特征之一。可能会同花弄蝶属的其他物种混淆，特别是与它栖息范围几乎完全重叠的灰斑弄蝶（*P. cacaliae*）。

栖息地

高山白斑弄蝶分布于阿尔卑斯山、比利牛斯山和欧洲其他山地。多出没于干燥或潮湿的草地以及沼泽。

生活习性

高山白斑弄蝶有时也被称作“感叹号”。它很谨慎，经常出现在水边。幼虫生长在锦葵科或蔷薇科植物上。每年产一代。

珞灰蝶

Scolitantides orion

灰蝶科 25～30mm 成虫期（月）1 2 3 4 5 6 7 8 9 10 11 12

形态特征

翅面为蓝黑色，边缘有一条细长白斑，前翅有蓝色光泽，后翅尖端有一排蓝色斑点。雄虫和雌虫之间存在轻微的两性异形，雌虫身体上的蓝色光泽较少。两者的翅膀背面颜色一样，均为白色，上面装饰着黑色斑点，且后翅边缘有橙色斑带。

栖息地

珞灰蝶从西班牙到亚洲直到日本的广大区域内均有分布。在法国主要生活在东南部地区，以及从东比利牛斯省到中央高原直到阿尔卑斯山和科西嘉岛这一带状区域。多出没于悬崖和多石的草地。

生活习性

这种美丽的天蓝色蝴蝶通常每年产两代。其法文名（译者注：即Azuré des orpins，原意为景天蓝蝶）来自其寄主植物景天属，尤其是黄花万年青和大景天（*Hylotelephium maximum*）。其幼虫具有喜蚁性（译者注：倾向于与蚂蚁互动的动植物被称为蚁客，这里所说的互动包括寄生、共生、掠食等，而这种特性被称为喜蚁性），会被各种蚂蚁收集和照料。通常以蛹的形态过冬。

山斑蛾

Zygaena exulans

斑蛾科 25～30mm 成虫期（月）1 2 3 4 5 6 7 8 9 10 11 12

形态特征

身形矮胖，全身黝黑，腿为黄色，头部周围有一圈黄色的蓬松“领子”。前翅几乎透明，呈银灰色，翅脉为黄白色（雌虫更明显），两只前翅上都有5个红色斑点，其中基部的红斑较细长。后翅上有鲜红色斑块，边缘为灰色。

栖息地

山斑蛾在欧洲各个山地均有分布，在法国主要分布在阿尔卑斯山和比利牛斯山。多出没于高山草甸。

生活习性

山斑蛾的拉丁学名是*Zygaena exulans*，其字面上的意思是“被放逐的斑蛾”，这完美地描述了这一物种的分布特点。因为它主要生活在荒凉的高海拔地区，从2000m直到3500m都能生存！当它在植物的花或茎秆上休息时，很容易被观察到。幼虫会根据环境的不同因地制宜，以各种各样的植物为食。每年产一代。

第五章

大气中

像儿时一样，抬头仰望天空，看云卷云舒，揣摩大气的心情……从带来雨水的阴郁的雨层云，到预示着晴朗天气的令人愉悦的积云，云朵将天空的故事娓娓道来。发现它们的秘密，就是学习如何预测天气。

大气中也充满着其他惊喜：我们可以收集云朵的形状，从精致如丝缕的白色卷云，到形似花椰菜的巨大积雨云，它们是如此多姿多彩又奇形怪状！我们还可以在空中看到突然出现的彩虹，或者滑翔的猛禽，这一切都让人惊叹不已。

但看过这些之后，我们还会想知道，这个让阳光透过的模糊光晕是什么？还有这个长得跟飞碟差不多形状的云朵，它叫什么名字？最后，这道划过天际的光芒又是如何形成的？

欧亚鵟

筑巢期（月）

1	2	3	**4**	**5**	**6**	**7**	8	9	10	11	12

形态特征

欧亚鵟是最常见的猛禽，也是大型猛禽之一。它的羽毛颜色各异：从深棕色到通体洁白（即“浅色阶段”）不等，也有赤褐色的。主要通过胸部的V字、鸣叫声和轮廓来识别。它有着短而圆的尾巴，带有深色的“扇形”条纹；翱翔时翅膀会向上抬起，末端分开的翼羽形似张开的“手”。

栖息地

直到海拔1500m处仍有分布。常出没于树林和开阔的田野。

生活习性

欧亚鵟很少待在地面上，一般看到的时候都在天空盘旋。它会利用上升气流起飞和翱翔。有时也能见到它栖息在道路旁的杆子上，伺机捕捉路上的小动物。飞行缓慢，略显笨重。

实用知识

长期以来，杀虫剂的使用一直在伤害欧亚鵟的蛋壳，使其软化。最近一段时间以来，其数量又开始缓慢增加。

雀鹰

筑巢期（月）

1	2	3	**4**	**5**	**6**	**7**	8	9	10	11	12

形态特征

雄鸟背部上方呈蓝灰色，喉咙和胸部为红色，腹部呈白色。雌鸟较大，背部呈灰褐色，胸部和腹部覆盖有细长的褐色横斑。长尾，翅阔而圆，轮廓十分典型。

栖息地

主要生活在森林和田野中。

生活习性

雀鹰会进行波浪式飞行：两翅快速鼓动（爬升），接着滑翔（下降），两者交替进行，非常有辨识度。

请勿混淆

苍鹰的特点是体型大，飞行更直接，滑翔次数更少。背部为灰色（雄鸟为淡蓝色）。胸部和腹部为白色，带有黑色条纹，没有红褐色羽毛。眼睛上方有白眉（在雀鹰中只有雌鸟有眉羽）。翅膀更长更尖，少有拱形。

红隼

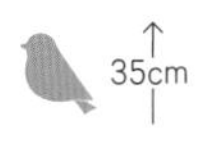

筑巢期（月）

1	2	3	**4**	**5**	**6**	**7**	8	9	10	11	12

形态特征

法国一种十分常见的猛禽。胸部有斑点，头部和尾部呈灰色，眼睛下方有一块较大的黑斑，这些都是识别指征之一。背部羽毛呈红褐色，有黑色斑点。翼尖的手形飞羽表面为黑色，尾巴的尖端（正面和背面）也是黑色。腿为黄色。飞行时可以看见狭窄锋利的双翼，很有辨识度。

栖息地

常见于山地空旷处。

生活习性

红隼会在天空静止盘旋，以便观察田野上的潜在猎物，这一飞行方式在法国被称为“圣灵飞行”，极易识别。如果风足够大，它可以保持姿势不变，飘浮着笔直向前。它有时也会待在路边的杆子上捕猎。

实用知识

成对的红隼甚至会在大城市筑巢（例如在巴黎的先贤祠）。

黑鸢

筑巢期（月）

1	2	3	**4**	**5**	**6**	7	8	9	10	11	12

形态特征

黑鸢的体型与欧亚鵟差不多大。飞行时尾巴呈三角形，十分典型。通体黝黑，但有色差。上体暗褐色，下体棕褐色，翅膀和尾巴的后端比前端更黑。头部为灰色，与其他羽毛相比颜色较浅。喙黄色，喙尖为黑色。

栖息地

黑鸢多出现在水源附近（如湖泊和池塘），但也可以在更干一点的荒地周围看到。有时会在垃圾堆中翻找食物。

生活习性

黑鸢以鱼类和各种废弃物为食。经常成小群活动。

请勿混淆

赤鸢的体型更大，其尾巴为红褐色，比黑鸢尾部的分叉更多。另外，赤鸢翼尖的手形飞羽反面有大块白斑，飞行时很显眼。

欧亚鵟
雀鹰
飞翔姿态
苍鹰
雌鸟的飞翔姿态
黑鸢的飞翔姿态
红隼
黑鸢
盘旋着的雄鸟
赤鸢的飞翔姿态

探索：

迁徙

年复一年，很多动物会进行迁徙，这是一段瑰丽奇妙的旅程，漫长的旅途中布满了各式各样的陷阱。所有这一切都是为了抵达一个遥远的地方，去生活或繁殖，然后再返回它们最初的起点。

迁徙者们的肖像

众所周知，一些鸟类会迁徙，如燕子（1）、鹳（2）或灰雁（3）。它们迁徙时标志性的V形队列预示着季节的变化。但我们不知道的是，包括蝴蝶在内的很多昆虫，以及某些鱼类和哺乳动物（特别生活在海洋中的）也会迁徙。

其中有一些迁徙甚至会跨越好几代，如小红蛱蝶（4），它可能是世界上分布最广的蝴蝶。它的第一代会从热带非洲飞越数千千米的距离，在冬天时抵达斯堪的纳维亚地区。它们的到来标志着第二代或第三代中的成年蝴蝶反向迁徙的开始。

它们为什么要迁徙？

这些动物会迁徙到气候更温和的地区，甚至十分偏远，这能为它们提供更多的食物和更有利的繁殖条件，从而在更安全的地方繁衍后代。因此，迁徙对这类动物的生存和种群延续有着很重要的意义。目前人们对触发迁徙的具体原因知之甚少，但季节性变化，如温度和日长或食物供应方面的改变，肯定会对迁徙的进程产生影响。

实用知识

人类对鲑鱼和鳗鱼会进行迁徙的认知已经有几千年的历史了，但直到18世纪，当人类在鸟脚上套上环标时，才开始慢慢证明了鸟类的迁徙行为。现在，研究员们主要利用卫星来研究迁徙的路线。

迁徙是一次瑰丽的冒险！

每个物种都有自己特有的迁徙方式：有的会沿着地理标志物（如海岸、河流、海峡等）前进，有的则笔直前行，或潜入海底，或飞跃沙漠和海洋。有时去程和返程会有不同的路线。同一物种内部，不同的群落会沿着大不相同的路线抵达同一目的地。这些迁徙的路线会在地球周围编织出一张非常复杂的网络。一些鸟类会根据太阳或地球的磁场来确定迁徙的方向，但人们对其中的具体机制仍然不甚了解。

迁徙还是一段十分艰辛的旅程。虽然动物们在出发前精神饱满，但它们在旅途中却不一定能够找到足够的食物。比如鸟类在飞越沙漠或海洋时，并非所有的个体都能存活下来。迁徙之旅荆棘丛生，动物们必须通过令人害怕的全新领地和掠食者，或者面对变幻莫测的天气。出现在动物迁徙道路上的人造物，如水坝、高压线等，甚至城市中的光污染，都会成为动物们的巨大障碍，并扰乱它们的迁徙节奏。因此，对动物迁徙过程中必经的中途停留点进行保护就显得尤为重要。

实用知识

每年有数以亿计的鸟类飞离欧洲大陆，它们要跨越惊人的距离才能抵达目的地。例如，燕子和鹤要飞行近10000km。它们的移动速度同样让人印象深刻。燕子的飞行速度高达100km/h。白薯天蛾会从非洲迁徙到欧洲，飞行速度可达50km/h。

2

1

钩卷云

云形特征

卷云属于高云族，是天空中非常高的云之一，飘浮在海拔6000m以上的高空。卷云白色纤细，看起来像一缕缕头发。钩卷云甚至会让人联想起卷发。它形似逗号或钩子，常分散出现。

形成过程

卷云是由少量水汽上升后在高空凝结而形成的。卷云云体很薄，呈纤维结构，并飘浮在温度低于-40℃的对流层，完全由冰晶组成。后者或被风吹走，或缓慢落到云层下，形成似乎与卷云脱钩的丝条。

天气预测

卷云本身不会带来降水，但观察其演变趋势可以为天气的预测提供有价值的信息：如果卷云的形状保持不变，那么天气将保持干燥；但是如果它们逐渐变厚、扩大并最终形成覆盖天空的卷层云，则很有可能出现阴雨天气。

毛卷云

云形特征

毛卷云从属于高云族，通常出现在高海拔的天空中。它呈丝缕结构，具有特别长的卷云特有的白色细丝，飘浮在空中，分离散乱，粗细不一。偶尔可以在早上观察到它们，这通常是前一天暴风雨的残留。

形成过程

毛卷云的长丝由冰晶组成。这些冰晶在还没来得及下落成钩状时就遭遇了连续的强风，因此只能水平移动。阳光在卷云的冰晶中折射时常会产生光晕。

天气预测

和钩卷云一样，如果毛卷云的形状没有发生变化，天气将保持干燥。如果观察到它们之间相互融合、变厚并逐渐覆盖天空，最后变成卷层云，那就意味着坏天气即将到来。

成层状卷积云

云形特征

卷积云相当罕见，转瞬即逝。其特有的片状结构可以帮助你很轻松地将它同其他卷云区分开来。它们看起来像是悬浮在天空中的白色米粒，大小不超过你伸出的小指的宽度，并可以覆盖广阔的天空。它与成层状高积云的外观相似，但区分起来也较容易，因为后者海拔较低，而且云朵之间有灰色区域。

形成过程

卷积云形成于超过6000m的高空，主要由冰晶组成，但也包含过冷水滴（即低于0℃的液态水）。当卷云或卷层云被疾风吹到一起时，就会形成成层状卷积云。在这一过程中，大量冰晶会变成过冷水，然后散开，形成小型的圆形卷云，即所谓的白色米粒。

天气预测

如果高空中存在成层状卷积云，则说明空气湿度很大，而且大气条件不稳定。这通常意味着恶劣天气即将到来。

薄幕卷层云

云形特征

薄幕卷层云那微妙的、如薄雾般光滑的面纱将广阔的天空染得灰白，但又能让阳光轻轻地透过。在该云层中，可以产生最美丽的光晕，而与之相似的高层云则不能产生任何光晕。薄暮卷层云最常在冬天出现。

形成过程

薄暮卷层云存在于海拔6000m以上的高空，完全由冰晶组成。它们就像悬浮在天空中的冰雾，当阳光或月光在冰晶中折射时，会产生特别纯净耀眼的光晕。

天气预测

与卷层云一样，薄暮卷层云的出现通常预示着天气即将发生变化。如果它们起源于卷云的蔓延，随后便会变厚，成为高积云和雨层云，这预示着未来48小时内会有阴雨大风天气。

钩卷云

毛卷云

成层状卷积云

薄幕卷层云

高层云

云形特征

高层云属于中云族，海拔比高云低，且云层更厚，多为灰色，呈均匀幕状，可覆盖数百平方千米的天空。高层云的结构非常均匀，以至于不能将其划入一个特有种。与卷层云的区别在于高层云从不会产生光晕。

形成过程

高层云位于海拔2000～5000m，由冰晶和水滴混合而成。可能是卷层云变厚之后产生的，也可能是在层结稳定的大量暖湿空气沿锋面缓慢爬升至冷空气上方的过程中形成的。

天气预测

当出现遮天蔽日的高层云时，意味着很快就会下雨或下雪。它有时也会带来间歇性的小雨，但当高层云向着雨层云自然演化时，则预示着会有持续的降水。

成层状波状高积云

云形特征

如果你看到天空中的云朵像波浪一样翻滚或像沙滩上的海浪一样向前伸展，那么你看到的就是各种波状云。很多种类的云都可能呈波浪状，尤其是海拔高度中等的云，如此处讲到的成层状波状高积云。因此，看到各种波状云的机会还有很多。

形成过程

当冷暖空气相遇，且两者的速度不一致时，通常就会形成波状云。由于中云族往往是因锋面上升而形成的，即暖空气爬升到冷空气之上，因此在这个高度往往就会产生很多波动。

天气预测

波状云表明锋面上升，这通常是坏天气来临的前奏。

雨层云

云形特征

雨层云无疑是看上去最烦人的云：云层很厚，呈暗灰色，结构很均匀，会遮蔽全部天空，让人无法看出日月的位置，并且会带来大量雨水。此外，由于它的结构十分均匀，因此没有其他的亚种。雨层云是除积雨云以外，唯一一种总是伴随着降水的云：拉丁语*nimbus*意为雨云。虽然从云层下很难分辨这两种云，但还是能通过两者的降水特性来区别：雨层云的降水可以持续很长时间，而积雨云则常带来短暂而猛烈的降雨。

形成过程

雨层云是一种直展云，可以从地面延伸到海拔3000m的高度。它通常起源于向底部逐渐增厚的高层云。开始降水时，它就变成正式的雨层云了。

天气预测

顾名思义，雨层云的出现总是伴随着恶劣的天气，冬天则会带来大雪。

絮状高积云

云形特征

絮状高积云的外观与小块的积云类似，但前者云块边缘比较破碎。它们的形状常让人联想到绵羊或者破碎的棉絮团，前者是它在法国的俗称。

形成过程

絮状高积云由过冷水和冰晶混合而成，位于海拔2000～6000m。高积云比卷云的分布更密集。絮状高积云通常在潮湿且不稳定的大气环境中出现。

天气预测

农谚有“朝有破絮云，午后雷雨降临”的说法，法国也有“天上飘绵羊，明天要下雨”的俗语，意思是如果天空中出现这种絮状高积云，那么可以相信，在三分之二的情况下，24小时内会有降雨或降雪的天气。

高层云

成层状波状高积云

雨层云

絮状高积云

蔽光薄幕层云

云形特征

当某些类型的云，如层云，但也包括高层云、层积云和高积云等，完全掩蔽了阳光或月光时，它们就被称为蔽光云。而透光云则恰恰相反，它是半透明的，阳光或星光可以透过。当薄暮层云太厚以至于遮蔽了阳光时，就被称为蔽光薄幕层云。如果是在山上或者飞机上往下看，这样的层云看上去就像一片广阔的云海。

形成过程

蔽光云是云的变种，是由于上述几种云的云层增厚而形成的。

天气预测

蔽光云本身并不能作为天气预测的指标，而应当考虑其具体的云层性质。此处的蔽光薄幕层云虽然看上去昏暗，但是只会带来毛毛雨。

碎层云

云形特征

碎层云看起来像被撕碎的灰色布条。它是低云的碎片，形状多变。有时会单独出现，有时会出现在如雨层云一样的云层下，在这种情况下它被称为碎片云。

形成过程

此类低云通常出现在即将降水的云层下，因为那里的大气因雨水穿过而变得格外潮湿。这时，如果有轻微向上的阵风让潮湿的空气充分冷却，其中的水分就会在那里凝结成碎层云。

天气预测

碎层云往往会带来毛毛雨。如果你在云层下观察到它，而且当时还没有降水的话，那么在接下来的几分钟内一定会下雨或下雪。

淡积云

云形特征

淡积云是最容易观察的云，也是最能体现我们想象力的云。它属于云团，底部较平，有淡淡的黑影，而顶部的凸起则会让人联想起花椰菜。淡积云的宽度大于垂直厚度。它们会在晴天时静静地飘浮在天空中，呈孤立分散的小云块。

形成过程

积云是通过对流在低空形成的，也叫对流云。当大量潮湿的底层暖空气进行上升运动，超过露点（译者注：或露点温度，指在固定气压之下，空气中所含的气态水达到饱和而凝结成液态水所需要降至的温度）时就会逐渐冷却并凝结成云。云层内部的微循环让云继续向上生长，从而形成类似花椰菜的凸起。而平坦的底部则标志着凝结高度。如果继续向上生长，淡积云会变成中积云。

天气预测

当天空中出现淡积云时，意味着接下来一段时间都是晴朗的好天气。

成层状层积云

云形特征

层积云是一种结构松散的大云团，表面有灰色阴影，就像一大团雾气，边缘毛糙，形状多变。经常遮天蔽日。有时分散的云块会融合成一整片连续的云层，但云块间会有缝隙，这是成层状层积云的特征之一，它是最常见的层积云。你一伸手就能将它同高积云区分开：成层状层积云要比3根手指还要宽。

形成过程

层积云在低空的演化有多种不同的模式。有时，当层云上升、破裂然后变厚之后就会形成层积云。其他时候，当积云变平之后也会变成层积云。白天时，在对流的作用下会形成积云。到了晚上，太阳带来的热量减少，积云的凸起就会开始收缩变平。这时，积云就会变成层积云，或者彻底消失。

天气预测

虽然成层状层积云通常并不会给人乌云密布的感觉，但它们可能会带来毛毛雨、小阵雨，甚至在冬天会带来降雪。

蔽光薄幕层云

碎层云

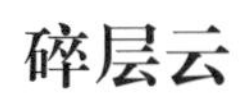

淡积云

成层状层积云

秃积雨云

云形特征

秃积雨云是令人印象深刻的云之一。由于其典型的垂直结构，以及靠近对流层边缘的缘故，通常要在几千米外才能更好地识别它们。秃积雨云的顶部是光滑的，区别于鬃积雨云（*Cumulonimbus capillatus*）纤维状或条纹状的顶部。从下方看，积雨云非常暗，容易与雨层云混淆。两者主要的区别是秃积雨云会伴随着短暂而剧烈的降水过程。

形成过程

积雨云是强烈的对流运动的产物。另外，这一对流运动也导致了从中积云和淡积云到浓积云（*Cumulus congestus*）的垂直发育。到达一定高度后，云顶的水滴就会冻结，随后浓积云就会失去花椰菜的形状，呈现出更光滑和圆润的顶部，而这就是秃积雨云的特征。

天气预测

秃积雨云会带来强烈的降水，但与鬃积雨云相比，雷暴和冰雹发生的概率较低。

砧状积雨云

云形特征

砧状积雨云是鬃积雨云的一个变种，顶部有着特殊的形状，看上去像一个表面光滑的巨大平台，形如一个白色的铁砧，面积可达数百平方千米。

形成过程

在积雨云垂直发育时，其顶部失去了其前身浓积云的花椰菜结构，并由于在这一海拔高度而形成的冰晶而逐渐呈现出纤维状结构。但其垂直发育因遇到对流层顶，即对流层的极限高度而戛然而止。随后云团开始向两侧扩散，从而形成这一独具特色的铁砧形状。

漏斗云

云形特征
漏斗云是一种柱状云，形似漏斗，偶尔可以在积云或积雨云下观察到。当漏斗云是其所在云层相连的附属云时，它不会与地面接触。而当它一旦接触到地面时，它就会被称为陆龙卷。

形成过程
积云和积雨云等对流云是通过可以旋转的暖空气团的快速上升而产生的。在上升的过程中，潮湿的热空气会迅速扩大并冷却，其中所含的水分有时会在云层下方旋转的气流周围凝结，从而形成漏斗云。后者只是涡流的可见标志，而不是气旋本身。

天气预测
当漏斗云接近地面时会演变成陆龙卷。而当它接近海面时，则会演变成水龙卷，但水龙卷并不如陆龙卷那样猛烈。

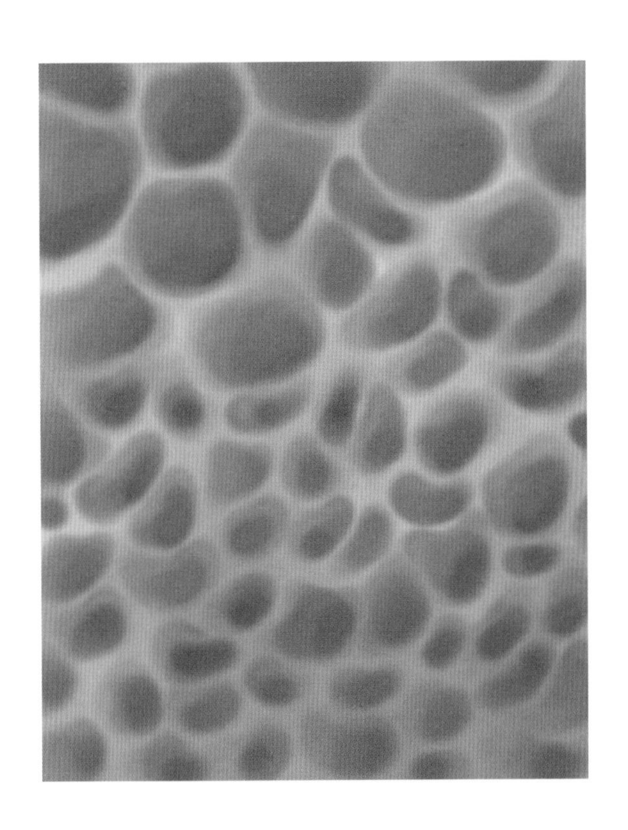

乳状云

云形特征
乳状云是云层下的乳房状突起，看起来像一个个巨大的水袋子。形状最为典型的是位于积雨云下方的乳状云。

形成过程
虽然目前有多个假说，但其形成过程还是一个谜。

天气预测
有一点是确定的，虽然乳状云经常出现在带来暴风雨的积雨云下方，但也能在其他云下看到它，如高积云等。一些人认为，乳状云可能意味着即将出现剧烈的天气变化。

迭浪云

云形特征

这种云非常罕见，很难观察，因为它在出现之后只会维持几分钟。云层的表面排列着令人眼前一亮的波浪，就像是儿童画中的海浪一样。我们将这些云层上的波动称为“迭浪”。

形成过程

当冷暖空气层交替运动，且暖空气层的速度更快时，出现在冷空气层边缘的大片云层就会形成波动。冷暖气团速度的差异导致形成湍急的气流，从而造成这一奇特的云层现象。这也意味着在对流层任意高度的云层都可能观察到迭浪云。

人为云

云形特征

顾名思义，人为云是因为人类活动而产生的云。通常是飞机在天空经过时留下的航迹云。它们是白色的，沿着蓝天成直线排列，辨认起来毫无困难。

形成过程

人为云像卷云一样属于高云，是由飞机尾气中的水蒸气在高海拔的低温作用下冷却并结晶而形成的。这些航迹云可以促进如卷云一样的高云的形成。

天气预测

观察人为云可以获得一些关于高海拔地区的大气环境的有用信息。如果航迹云持续数小时，则意味着高空的空气潮湿，接下来几天内的天气可能会恶化。而如果飞机飞行时没有留下任何痕迹，则表明空气比较干燥，晴朗的好天气还将持续几天。

夜光云

云形特征

夜光云相当少见，大多出现在纬度50° ～70° 。最佳观测时间是夏天黄昏结束或黎明开始时，这时太阳会在地平线以下并从下面将它们照亮。夜光云在高高的夜空中伸展，看起来像银色的纤维或桌布，与黯淡的天空形成对比。其学名来自拉丁语*noctilucent*，意思是“在夜晚闪亮”。

形成过程

夜光云是地球大气层中海拔最高的云，位于大约80km高的中间层。可能由极细的冰晶组成，科学界对其形成机制仍知之甚少。有理论认为可能跟微流星有关，因为夜光云所处的大气区域极度寒冷干燥。

雨幡洞云

云形特征

雨幡洞云是自然界的一个奇观：呈大约的圆形，是薄薄的云层中的一个大缝隙。在洞下方中央位置，常常会出现一缕缕的雨幡，这是由于周围的云底部云团下沉而形成的。

形成过程

当云层中的部分液滴快速冻结时，会突然局部地降低云的密度，并形成空洞以及雨幡。通常是因为飞机通过云层而产生的。云层中有凝结核，促进了液滴的快速冻结。

迭浪云

人为云

夜光云

雨幡洞云

探索：

水汽凝结体

水汽凝结体是指在大气中观察到的由水组成的、除了云以外的各种大气现象。根据温度的不同，它们可以是固态的，也可以是液态的。不同的水凝物在各个季节中为我们上演了多种多样的表演，是我们日常生活中环境变化的一部分。

沉积物

当我们在清晨醒来，常常会发现这些在一夜之间就沉积在大地上的水凝物。在气温较高的时候，我们看到的是露水，即滴落在植物或蜘蛛网上的细小的水滴，清晨的第一缕阳光会透过它们照亮大地。露水是由空气中的水蒸气凝结而成的。在气温较低的时候，我们看到的则是覆盖着整个大地的白霜或雾凇（1）。

自由落体

当水凝物下降时，它们就成为降水的一种。比如说毛毛雨，这是一种由薄雾带来的非常细小的雨。而当落到地面上的液态球体的直径超过0.1mm时，就被称为雨。当然还有阵雨和大雨。最后，当降水是固态时，则被称为冰雹或者雪（2）。

实用知识

构成雪的雪花（3）是一种令人着迷的水凝物。在不同温度的作用下，它形成了七大类：片状、星状、柱状、针状、枝状、袖扣状和不规则雪花。此外还有雪粒、雪丸（译者注：即霰）和雪籽。

悬浮物

有一些水凝物会一直悬浮在地面上。当存在于大气中的水蒸气冷却并凝结时，会形成悬浮的细小水滴，并强烈地散射光，从而阻碍能见度。这种现象被称为雾或薄雾，后者的密度比前者小。雾也可能结冰，被称为冰雾，由微小的悬浮冰晶组成。在这种情况下，能看到空气在闪闪发光。

实用知识

能见度小于1km时为雾，大于1km时为轻雾。

吹浮物

被风吹起的地表水分子也属于一种水汽凝结体。当它们是液体时，通常被称为飞沫。波浪上方大片被吹起的浪花就是一种飞沫。当被吹起的水分子是固体时，如积雪的表面，一般被称为吹雪，也可以被看作一种小型暴风雪。

喷射物

最后，水凝物还可以被喷射出去，如水龙卷或陆龙卷。这是一种柱状物，由水和空气混合而成，悬挂于云层之下，通常与大地或水面相连。

3

3

2

22度晕

形态特征
22度晕是一个以太阳或月亮为中心的巨大光环。可以伸出手来验明其正身：圆的半径应大致相当于手指张开后手的宽度（对应于22°的角度）。但是通常并不能观察到完整的22度晕，一般只能看到它的一部分。如果仔细观察，可以发现晕的内侧呈淡红色，而外侧为蓝色。

形成过程
晕是一种光学现象，发生在由冰晶组成的稀薄的高云中，如卷云、卷积云或卷层云。它是因为太阳光穿过冰晶时发生折射而形成的。具体来说，当光线遇到冰晶时，会像碰到棱镜一样发生偏转和散射。

天气预测
22度晕的形成与高云有关，光晕的存在表示高空的湿度较大。如果出现在卷层云中，那么它可能预示着接下来的48小时内会有恶劣天气。

日晕

形态特征
日晕是常见的同云相关的光学现象之一。经常可以在月亮周围看到，但如果你戴着可以保护眼睛的墨镜，也能在太阳周围看到。日晕会在星体周围形成一个圆盘，这一圆盘由各种颜色的环组成。为避免将其与22度晕混淆，请记住它的形状像圆盘，而不是单个的圆环。另外，不是所有的日晕都像插图中那样色彩丰富。

形成过程
日晕是太阳或月亮的光线在通过构成云的微小水滴中发生衍射而产生的。因为光线之间会发生干涉，从而出现各种颜色的干涉条纹。水滴越小，日晕越大。

天气预测
日晕的出现与多种云相关，具体的天气情况要根据云的种类来确定。

彩虹

形态特征
与云有关的最著名的光学现象就是彩虹。它很容易被观察到，但并不是最常见的（光晕出现的频率更高）。当太阳不是很高时，背对太阳，面朝下雨的方向，便能定位到它。彩虹的出现通常伴随着霓，也叫第二道彩虹，它的亮度较低，颜色与第一道彩虹的正好相反。两道彩虹之间未被照亮的天空被称为亚历山大带。有时，会出现额外的彩虹桥加宽主彩虹。

形成过程
当阳光被折射、反射，然后在雨滴中再次折射时，就会出现彩虹。这一过程中的两次折射负责分离光谱的颜色，而光线的反射则让我们的眼睛能观察到这些缤纷的色彩。

天气预测
彩虹与阳光下的降雨直接相关，这类降雨通常来自浓积云或积雨云。彩虹多出现在倾盆大雨结束时，因为此时云层消退，太阳再次闪耀。

闪电

形态特征
乌云压城时，一道道耀眼的闪光划过暴风雨的天际。没有人会对闪电无动于衷，它既让人迷恋又能引发恐惧。如果闪电掉落在错误的地方，则意味着危险的降临。闪电总是伴随着雷鸣。

形成过程
闪电是雷雨时的突然放电，因为此时积雨云中已经积累了大量的静电。雷则是由被闪电加热的气柱突然膨胀而引发的声波。

天气预测
如果看到闪电，那是因为你所处的位置靠近或处于由高云（如积雨云）带来的雷雨之下。

22度晕

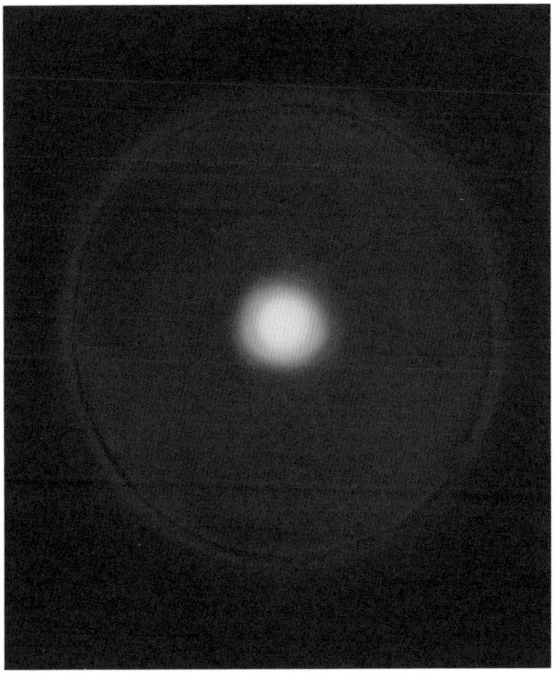

日晕

彩虹

闪电

第六章

宇宙之中

是日，天朗气清。夕阳西下，蓝天的帷幕升起，无垠的宇宙就这样展示在我们眼前。趁着这个机会，找一个远离人造光的地方，舒舒服服地待在夜空下，用最简单的仪器——肉眼，来观察夜幕的降临和广袤的天穹，甚至在满天繁星的注视下安然熟睡……

从夕照残阳到熠熠星辉，一场好戏上演了。认识形态各异的星座，定位比邻而居的行星，观察不计其数的星系，并为转瞬即逝的流星雨而惊叹……从现在开始，学会去认识夜空，去驯服它，让自己完完全全地扎根在这宇宙。

夜晚注定是美好的。但你会不会还想知道，这道划过天际的白色尾迹是什么？这张星图代表着什么？还有，那块云雾溟濛的星空后面是什么？

太阳

定位
太阳是少数可以在白昼观察到的星体之一，当然也是最容易发现的天体！它是离我们最近的恒星，是一个巨大的发光球体。太阳每天早上从东方升起，在正午移动到天顶，然后在傍晚时分沉入西方。

观测
切勿在没有任何防护的情况下直接用肉眼观察太阳，否则会造成不可逆的眼部灼伤，一定要为自己配好一副太阳镜。人们可以通过太阳来确定时间。

实用知识
太阳是一颗中等大小的恒星，氢在其炽热的中心聚变成氦，并以辐射的形式释放能量，其中一小部分会抵达地球。没有太阳，就没有光和热，也就没有生命。

神话传说
在所有的文化中，太阳都是强大和威严的象征，通常与男性联系在一起，如古埃及的拉神（Ra）和阿兹特克人的维齐洛波奇特利（写作Huitzilopochtli）。然而，对于北欧人来说，太阳却是阴性的（德语为die Sonne，其中die是阴性的冠词）。

夜晚

理论
随着太阳慢慢消失在地平线以下，暮光也随着消失。当遥远的天体变得可见时，夜晚就开始了，而当黎明的曙光亮起，夜晚就结束了。它的长度因纬度和季节而异。

观测
到了晚上，阻止我们看到其他星星的阳光已经消失了。在没有月光而且远离光污染的夜空，我们用肉眼可以观察到多达3000颗星星。天穹上的星星似乎整夜都保持彼此之间的相对静止，但天穹会随着地球的自转而自东向西移动。通过肉眼，你甚至可以观察到我们所处的银河系，更远处的星团、星云和其他的星系。

实用知识
刚沉浸到夜色中时，肉眼几乎什么都看不见。但几分钟后，眼睛就适应了黑暗的环境：我们的瞳孔会根据接收到的光线变大，而眼睛能感知到的星体亮度也越来越低。

天体视运动

理论
地球的自转导致了昼夜交替。因此当太阳东升西落时，是因为地球在自转，而不是因为太阳在运动。同理，整个天空也在相对着地球不断地自东向西运动。

观测
你可以从一个固定的参照物（如一棵树）出发进行观察，并发现随着夜晚的流逝，天穹上的所有星星都在自东向西移动，并围绕着一个保持静止不动的恒星旋转。这颗星星是地球自转轴指向的北极星。至于行星，它们会相对恒星移动，因此也可被观察到在天穹上自东向西运动。你可以通过连续几天观察它们在固定时间的位置来证实这一点。

实用知识
在太阳系中，所有行星都在同一平面上围绕着太阳旋转。从地球上看，它们似乎正绕着这个平面的投影在运动。这一平面被称为黄道，它是太阳视运动轨迹所在的平面，所有的黄道星座都围绕着它在运动，并且与行星的运行方向相同。

国际空间站

观测
国际空间站（International Space Station，简称ISS）是绕地球运行的最大人造物体。它每92分钟环绕地球一周，每天从我们头顶掠过数次，但只有在相当黑暗的夜空中才能用肉眼看到它，而且还需要它处于“能向我们反射阳光”的位置（因为像行星和其他卫星一样，国际空间站本身不发光）。

在最佳条件下，国际空间站是天空中第三亮的天体，几乎可与金星相媲美。这时可以观察到它在天空中旋转，在几分钟内从一个地平线到达另一个地平线。目前有很多手机应用可以用来了解其具体的运行轨道和时间。

实用知识
国际空间站是唯一一个位于宇宙中的物质和生命科学实验基地（译者注：2021年4月28日，中国成功发射天和核心舱，并将在2021—2022年陆续完成中国空间站，即天宫空间站的组建工作。本书法文版出版时间为2020年10月，当时太空中确实只有ISS一个空间站。），也是一个地球和宇宙的观测平台。国际空间站有宇航员团队长期驻守和工作。它长110m，宽74m，有15个左右的加压模块，并通过2500m^{2}的太阳能电池板供电。

太阳

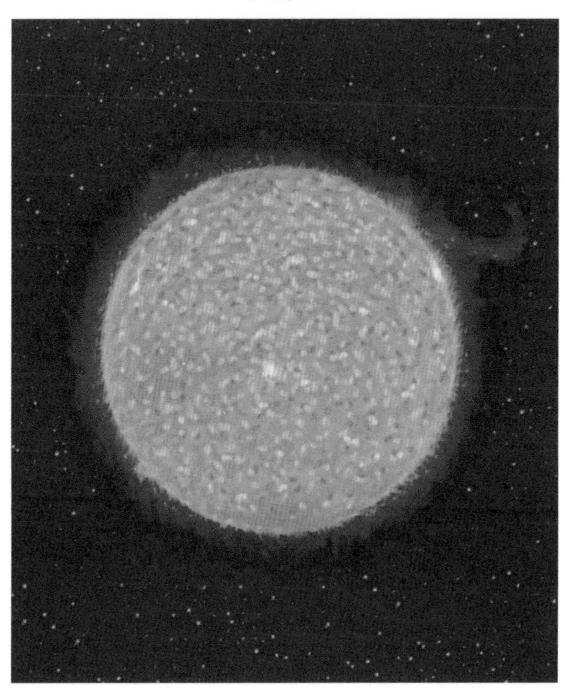

夜晚

天体视运动

国际空间站

金星

观测

金星是仅次于水星的离太阳第二近的行星，因其辉煌灿烂的光彩而非常容易观察：它是继太阳和月亮之后最亮的天体，可以在暮色和晨光中看到。一年中有几个月，金星是在日落之后第一个出现在西方天空上的星体，这时，它被称为长庚星。接下来，它会消失一段时间，然后重新出现在日出之前东方的晨光中，此时则被称为启明星。另外，夜晚是看不到金星的。它也被称为牧羊人之星，据说是因为牧羊人会根据其起落进行劳作和放牧。

实用知识

金星是一颗类地行星，比地球略小，其表面具有强烈的温室效应，使其成为太阳系中最热的行星。此外，金星表面覆盖着的浓厚云层会反射阳光，从而形成闪亮的外观。

神话传说

在西方，金星是以罗马神话中爱与美的女神维纳斯命名的，星期五也同样得名于此。

火星

观测

火星与地球之间的距离不是固定的，变化幅度很大，其外观和亮度也常常因此而变化。当火星最接近我们的星球时，即其对冲前后的几个月，是最容易观察到的。它是继金星（有时是木星）之后最亮的星体，从日落到日出都清晰可见。火星在一年大部分时间内都可以通过肉眼观察到：这是一颗布满红斑的星球。请不要将其与心宿二混淆，后者是一颗明亮的红色恒星，其法语名字（Antarès，意为火星的竞争对手）即体现了这两者之间的竞争关系。

实用知识

火星是离地球最近的行星。由于其表面覆盖着富含氧化铁的尘埃而呈红色，因此又常被称为红色星球。火星南北极存在着由干冰和水冰组成的极冠。虽然火星上的水不再以液体形式存在，但过去它确实在这个星球上流淌过。火星有两个卫星：火卫一和火卫二。

神话传说

在西方，因其血红色的外表，人们用罗马战神玛尔斯（Mars）的名字命名这一红色星球。此外，星期二也得名于这一神祇。

木星

观测

木星是天空中肉眼可见的星体中第四亮的，仅次于太阳、月亮和金星，很容易辨别。这颗行星每12个地球年绕太阳运行一周，这意味着它每年出现的黄道星座都不相同。

实用知识

木星是太阳系中最大的行星，它的大小是地球的1300倍。它是一颗气态行星，主要由氢和氦组成。木星的成分与太阳十分相似，天文学家认为，如果它的质量更大，其核心的压力可能会达到引发核反应的临界点，从而将其点燃为一颗恒星。和其他的气态行星一样，木星的表面也有着猛烈的风暴。它有几十颗卫星，其中最大的四个分别是木卫一、木卫二、木卫三和木卫四。

神话传说

在西方，木星是以强大的罗马主神朱庇特（Jupiter）命名的，他同时统治着天空和大地。星期四也得名于这一主神。

土星

观测

土星是距离太阳第六远的行星，也是肉眼可见的最远行星。虽然它的亮度比其他可见的行星要弱，但仍可以与夜空中最亮的恒星相媲美（当然太阳除外）。由于土星绕太阳一周需要29个地球年，因此可以在超过两年的时间内在同一个黄道星座中观察到它。

实用知识

土星是一颗比木星稍小一点的巨型气态行星，其表面有着剧烈的大气运动，并且会经历太阳系中持续时间最长的雷暴。它的密度比水低，因此整个行星可以漂浮在水面上（如果能够找到足够容纳土星的巨大海洋的话）。土星以其宏伟的行星环而闻名，这一环状结构主要由岩石和冰块组成。另外，土星拥有几十颗卫星，其中最大的是土卫六，也叫泰坦，它是太阳系中唯一拥有明显大气层的卫星。

神话传说

在西方，该行星得名于罗马神话中的农业之神萨图恩（法文：Saturne），星期六也得名于此。

流星雨

理论

当地球穿过彗星在其运行路径上留下的尘埃云时，它们中的碎片会进入大气并与空气发生摩擦，从而产生清晰可见的光迹（通常每小时几十个），这被称为一场流星雨。

观测

流星雨是周期性现象。它们以流星可能来自的星座命名，因此，在观察流星雨时，要朝相关的星座方向望去。例如，每年12月中旬可以观察到双子座流星雨。8月中旬则可以观察到英仙座流星雨，这是斯威夫特-塔特尔（Swift-Tuttle）彗星的尘埃组成的流星群。

实用知识

英仙座流星雨非常受欢迎，因为它们发生在仲夏的北半球，观赏条件极佳。这场流星雨甚至还催生了一个叫作“流星之夜”的节日，这是一个天文学的庆典，每年这一天在法国各地会举办多种多样的活动。

月食

理论

当地球正好位于太阳和月球之间时就会发生月食。月食只会发生在满月。当月亮被完全遮蔽时，就是月全食，否则就是月偏食。

观测

在月全食期间，地球阻挡了太阳光，但仍有一小部分光线在穿过地球大气层时发生偏转，随后抵达月球，而后者将会在大约一个小时内逐渐呈现出微红色（即所谓的红月亮）。可以在没有防护的情况下用肉眼观察月食。像日食一样，月食可以预测，而且它比日食发生的频率更高，大约每年发生两次。此外，月食当晚，处于夜晚中的全球各地都可以看到。

实用知识

1504 年，克里斯托弗·哥伦布（Christopher Columbus）根据他拥有的天象表预测了月食，并通过这一“神迹”给牙买加土著民留下了深刻印象，因此得到了他们的帮助。

日食

理论

当月亮位于太阳和地球之间时，就会发生日食，这一现象只会在新月时发生。当太阳被完全遮蔽时，就是日全食，否则就是日偏食。

观测

在日食期间（请务必佩戴太阳镜来观察，否则可能会造成严重的眼睛灼伤），月亮逐渐移动到地日之间，直到完全遮蔽阳光，形成日全食。在几分钟的时间内，天会变得非常暗，最亮的星星会在天空中出现，月亮圆盘的周围会展开一圈光晕，这就是日冕，它因为太暗，平时在白天观察不到。日食并不是随机发生的，它两三年就会发生一次，并且有规律，可以预测。另外，日食只能在地球上特定的一部分区域观察到。

实用知识

1919年的日食证实了爱因斯坦著名的广义相对论的一个预测，从而证明了这一理论的可信度。

极光

理论

极光是由太阳风与大气相互作用而形成的。太阳射出的带电粒子到达地球附近后，起保护和屏蔽作用的地球磁场会将其引导至地球的两极。在极地的高空中，带电粒子会和高层大气的原子发生碰撞并让后者等离子化，从而发光。

观测

最容易观察到极光的地方当然是地球上靠近两极的极地地区。在那里，极光缤纷闪耀，照亮大片夜空。出现在北方的被称为北极光，南方的则为南极光。在极少数情况下，当强大的太阳风暴袭击地球时，在法国所处的纬度也能观察到极光。可以通过监测太阳活动来预测极光的发生时间，目前有多种应用可以提供这方面的信息。

实用知识

极光的颜色取决于发生电离的原子种类。太阳粒子和原子之间的碰撞主要发生在高海拔地区，那里存在着大量的氧原子（电离时主要呈绿色），这就是为什么极光大多数时候都是绿色的。

流星雨

月食

日食

极光

探索：

月球

在地球形成初期，一个巨大的天体同它发生了碰撞，从而诞生了月球：数十亿吨的天体碎片在重力的作用下在太空中结合在一起，形成了我们现在的月球。它是我们唯一的天然卫星，也是继太阳之后天空中最亮的星体。

月球的观测

建议在月亮位于夜空的高处，且并非满月时进行观测，这时可以看到其暗部和亮部之间的鲜明对比。我们可以用肉眼清晰地看到月球表面的各种地形，如丘陵和山地，以及像疤痕一样分布在月面的巨大火山口，还有广阔的黑暗区域，这是被熔岩覆盖着的月海。

月相

月球绕着地球公转，而地球本身也围绕着太阳公转。因此，从地球上，我们可以看到被太阳照亮的月球表面部分会随着时间的推移而变化。这些变化也叫月相，是由地球、太阳和月亮三颗天体的相对位置所决定的，月相的周期为29.5天。它是追踪时间的工具，最初的历法就是根据月相的变化而制定的。

潮汐作用

海洋的潮汐是因为月球和太阳的引力产生的。根据两者相对位置的不同，这两颗天体所施加的引力会相互叠加（即高潮）或者相互抵消（即低潮）。月球和太阳对地球的引力不止作用在水圈，潮汐力也同样作用在地壳上，只是程度较小，地壳的形变不明显而已。

红月

在月全食期间，地球阻挡了太阳光，但仍有一小部分光线在穿过地球大气层时发生偏转，随后抵达月球，而后者将会在大约一个小时内逐渐呈现出微红色（即所谓的红月亮）。可以在没有防护的情况下用肉眼观察月食。

实用知识

作为一个重力平衡器，月球在绕太阳旋转的过程中使地球得以保持平衡，从而稳定地球上的气候和季节，这也保证了地球上生命的产生和延续。

2

天鹰座

定位
天鹰座是夏季理想的观测对象。每年7月，它会在午夜前后抵达夜空中的最高处。通常通过构成鹰首的、呈直线排列的三颗恒星来识别。另外，天鹰座在夜空中位于银河系的前面，因此它也有助于我们确定银河系的位置。

主星
天鹰座有三颗对齐的主星，也是该星座中最亮的三颗星，分别是河鼓一、河鼓二和河鼓三。其中最明亮的河鼓二的名字在阿拉伯语中的意思是“飞鹰”。这是一颗自转速度非常快的恒星，并因此呈椭圆形。

实用知识
河鼓二与天鹅座的天津四以及天琴座的织女一形成夜空中的夏季大三角，这是一个几乎等腰的巨大三角形，整晚都在夏季的天空中闪耀（见第11页的星图）。

神话传说
在希腊神话中，天鹰座象征着主神宙斯。事实上，天鹰座在东方升起之时，太阳正好在西方落下，两者之间近乎同步的起落像极了一场面对面的交锋，这也是神话的来源之一。

牧夫座

定位
在春天，可以先将大熊座的尾巴延伸到一颗十分明亮的恒星，它的名字是大角星，然后就能轻松找到形似风筝的牧夫座。

主星
红巨星大角星，在希腊语中的意思是“熊的守护者”，它是整个天球中第四亮的恒星，也是北半球仅次于天狼星的最亮的恒星之一。大角星与处女座的角宿一以及狮子座的轩辕十四共同组成了春季大三角，与夏季大三角一样明亮，但是涵盖的范围要大得多。

实用知识
在古代，波利尼西亚航海者通过使用大角星作为定位工具，最远抵达了夏威夷群岛。1976年，在没有任何仪器的情况下，独木舟Hokulea（即波利尼西亚语中的大角星）利用这种导航技术成功穿越了大溪地和夏威夷群岛之间广袤的太平洋。

神话传说
根据希腊传说，牧夫座代表着一位每晚都会驾驶大熊座的七头牛的农夫。这些“牛”与天极相连，因此牧夫座会常年在夜空中绕着天极旋转。

仙女座

定位
从与飞马座相连的“秋季四边形”出发可以很容易地定位仙女座，其主星线与传说中飞马的一条腿相对应。

主星
本星座中最亮的一颗星，同样也是与飞马座相连的“秋季四边形”的组成部分之一，名叫壁宿二，在阿拉伯语中的意思是“马的肚脐”。另外的亮星奎宿九是一颗红巨星，而天大将军一则是一颗三合星。

实用知识
仙女座还是同名星系的所在地，这是一个类似于银河系的巨大螺旋星系。在远离所有光污染的情况下，人们可以发现仙女座星系的发光核心（参见第11页星图上的黄色椭圆形），宛如满月大小的雾点，出现在位于连接天大将军一和仙后座右侧的直线上。

神话传说
有时多个星座会同时出现在一个神话故事中。传说，海神波塞冬派海怪刻托（鲸鱼座）去破坏骄傲的王后卡西欧佩亚（仙后座）的王国埃塞俄比亚。先知向克甫斯国王保证，如果他们将王女安德洛美达（仙女座）献给海怪，王国就可以得到拯救。但是英雄珀尔修斯在万分紧急中伸出援手，用他刚刚杀死的美杜莎的头颅将海怪变成了一尊石雕。

仙后座

定位
仙后座是一个易认的星座，其五颗最亮星组成一个非常独特的W形（或M形，取决于观看的角度）。它靠近北极星，一年四季都可以观测到。北极星是一颗与北斗七星相对的亮星。

主星
仙后座的所有星星都清晰可见，其中最亮的是王良四，在阿拉伯语中的意思为“乳房”，这是一颗橙巨星，它的大小是太阳的40倍。最令人感兴趣的是策，来自中文，意思为“鞭子”。这颗恒星位于星座中心，以超过300km/s的速度自转。

神话传说
卡西欧佩亚王后声称自己比涅瑞伊得斯们更美丽，因此冒犯了这群海洋女神。作为惩罚，她被铁链锁住，倒挂在自己的王座上，并被命令绕着北极旋转。仙后座是与仙女座神话相关的星座群中的一个。

天鹰座

河鼓三
河鼓二
河鼓一

牧夫座

大角

仙女座

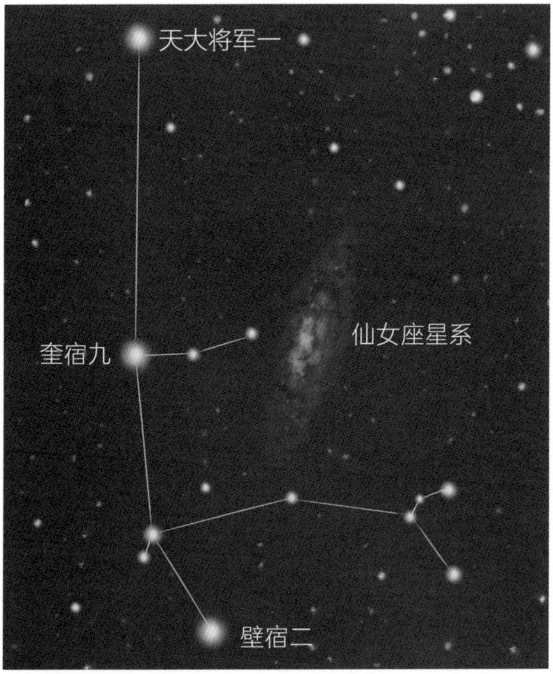

天大将军一
奎宿九
仙女座星系
壁宿二

仙后座

策
玉良四

仙王座

定位
仙王座很容易辨认，看上去就像一栋儿童手画的房子。全年可见，位于仙后座和小熊座之间。

主星
仙王座最明亮的星是天钩五。5500年后，由于岁差，天钩五将成为新的北极星。造父一的周期约为5天，是造父变星的原型，此种变星的亮度会呈周期性变化。

实用知识
变星能揭示出光度和变化周期之间的关系。造父变星的这一特性使得确定宇宙中的距离成为可能。天文学家埃德温·哈勃（Edwin Hubble）正是通过它们发现了银河系以外的星系都在远离我们，为宇宙膨胀论提供了证据。

神话传说
该星座靠近仙后座，并得名于卡西欧佩亚王后的丈夫克甫斯国王。它是与仙女座神话相关的星座群中的一个。

御夫座

定位
在冬天的夜空中，跟随北斗七星的指引，你可以很容易地看到御夫座的五边形结构。这一结构形似一个平底锅，其手柄处指向御夫座最亮的星，五车二。后者的南边是小山羊星。

主星
该星座的主星五车二的拉丁语学名*Capella*意为“山羊”，它是北半球夜空中第四亮的恒星。五车二是由两颗黄巨星组成的双星，每颗都是太阳的十倍大。

实用知识
五车二与双子座的北河三、小犬座的南河三、大犬座的天狼星、猎户座的参宿七和金牛座的毕宿五组成“冬季六边形”。这一区域以参宿四为中心，被银河穿过（参见第11页的星图）。

神话传说
御夫座的形象是一个驾驶着战车的御者，他还背负着以山羊形态出现的阿玛尔忒娅（古希腊神话中的女神，曾化身山羊为年幼的宙斯哺乳）。

天鹅座

定位
天鹅座位于银河系的正前方，是一个十分明亮的星座。形状特别，像飞行中的鸟，或者是十字架，因此很容易被发现。它有时也被称为北十字座，正好与南十字座相对应，后者主要的可观测区位于南半球。

主星
天津四，阿拉伯语意为“母鸡的尾巴”，是一颗蓝巨星，也是本星座中最亮的星星。它构成了天鹅的尾巴，并与天鹰座的河鼓二和天琴座的织女一一同构成了“夏季大三角”（参见第11页的星图）。辇道增七的外文学名来自阿拉伯语，意为“母鸡的喙”，是一个宏伟的双星系统。

实用知识
仲夏时节，在一片漆黑的夜空中，我们可以观察到一个巨大的黑暗星云，它被称为天鹅座裂缝。这一裂缝从天津四开始，跨越夏季大三角的一部分，并穿过银河系，最终结束于人马座。

神话传说
在阿拉伯天文学中，这一星座象征着一只母鸡。在古希腊人眼中，天鹅座是宙斯的化身，他用这一形象征服了斯巴达王后勒达，而他们的结合则诞生了卡斯托尔、波吕克斯和海伦。

天龙座

定位
天龙座盘旋在大熊座和小熊座之间，是天空中范围最广的星座之一，但并没有多少亮星。在夜空中，最引人注目的是天龙的眼睛，它们望向天琴座的织女一。

主星
本星座中最亮的两颗星是天龙的眼睛，即天棓四和天棓三，在阿拉伯语中分别代表着“龙首”和“蛇首”。

实用知识
右枢虽然不是本星座中最亮的一颗星，但却是最著名的。其外文学名（法语：Thuban）来自阿拉伯语，意思是蛇。右枢是古埃及文明鼎盛时期的北极星，通常作为建造寺庙等大型建筑的参照物，比如说著名的吉萨金字塔。

神话传说
这一星座出现在许多传说中，有时是龙，有时是蛇（因其蜿蜒的形状）。它有可能是守卫赫斯珀里得斯姊妹花园里的金苹果的那条龙，名字叫拉冬，后来在赫拉克勒斯完成其第十一项伟业时被杀死。

仙王座

天钩五

造父一

天鹅座

御夫座

天龙座

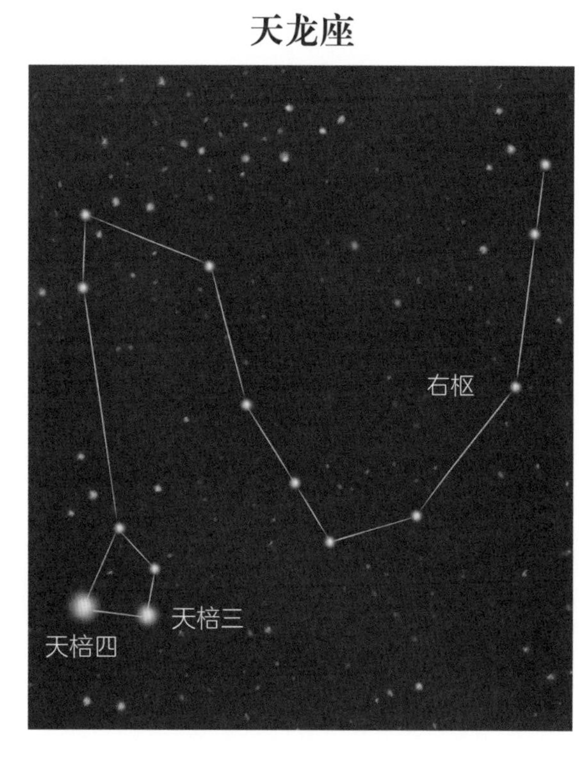

双子座

定位

双子座位于金牛座和巨蟹座之间，是黄道十二星座中的一个。在冬天的理想条件下，通常可以在大熊座和猎户座之间观察到双子座中两颗最亮的恒星，它们是这一星座的代表。

主星

该星座的两颗主星的外文名是以希腊神话中的两个形影不离的兄弟命名的，其中北河二是一个多星系统，北河三（本星座中最亮的星）是一颗橙巨星。

实用知识

目前已经在该星座的几颗恒星周围发现了系外行星（即太阳系外的行星），包括北河三的行星。

神话传说

北河二和北河三的希腊原名分别是卡斯托尔（Castor）和波鲁克斯（Pollux）。波鲁克斯长生不死，但卡斯托尔不是。所以当后者死后，悲痛欲绝的波鲁克斯会定期到冥界探望他。宙斯非常感动，决定让他们在天上重逢。

大犬座

定位

大犬座会在1月的一个午夜时分抵达其在天穹上的最高点，因此冬季是观察大犬座的最佳时机。它通常出现在天穹较低的位置，一般通过天狼星来定位。后者位于猎户座的三星腰带的延长线上。

主星

天狼星在希腊语中是“火热的”意思，它是本星座中最亮的星，也是全天第一亮星。它是一颗双星，是距离地球很近的恒星之一。

实用知识

在古埃及，天狼星的偕日升（该恒星在长时间消失后于黎明时分重新出现）预示着尼罗河的泛滥。

神话传说

在很多文明的神话传说中，从希腊人到因纽特人，大犬座的形象都是一只狗。而由于天狼星的存在，该星座有着重要的实用意义。天狼星出现时恰逢法国酷暑季节的到来，因此法语中的热浪（canicule）一词，即来源于拉丁语的*canis*，意为“犬”。

大熊座

定位

大熊座一年四季都可以看到，是著名的北斗七星所在的星座。北斗七星很具辨识度，看上去像一个有着长柄的斗勺。

主星

在构成斗勺的七颗亮星中（分别是天枢、天璇、天玑、天权、玉衡、开阳、摇光），玉衡是最亮的那颗。另外，开阳是一个双星系统，它的伴星叫开阳增一。开阳双星均肉眼可见。

实用知识

通过将天璇和天枢形成的线延长大约五倍两颗星之间距离之后，你将找到著名的北极星。

神话传说

在希腊神话中，宙斯与一位名叫卡利斯托的仙女生了一个儿子名叫阿卡斯。宙斯善妒的妻子赫拉发现之后，将卡利斯托变成了一头熊。阿卡斯长大之后，成为一个猎人，当他在一次狩猎中面对这只熊时，并不知道那是他的母亲。就在阿卡斯的标枪即将刺穿卡利斯托时，宙斯赶到，并将卡利斯托升上天空变为大熊座。

武仙座

定位

武仙座会在六月的一个午夜前后抵达其在天穹上的最高点。它是天空中大型星座之一，但并不是很亮。可以通过该星座特有的梯形来定位，这一几何形状位于天琴座织女一和牧夫座大角星之间。

主星

本星座的恒星都不是很亮，其中最突出的是天市右垣一，在希腊语中意为“棍棒持有者”（Kornephoros）。另一颗亮星为帝座，它在阿拉伯语中的意思是“跪者之首”，它位于下方，而武仙则倒挂在天空中。

实用知识

在最佳条件下，还可以通过肉眼观察到位于梯形中的武仙座球状星团。这个看上去模糊的小点实际上是一个包含着十万多颗恒星的球状星团。

神话传说

这一巨大的星座象征着手持棍棒跪着的赫拉克勒斯。这位希腊神话中的英雄因为完成了十二项伟业而闻名。

双子座

北河三
北河二

大熊座

开阳双星
摇光
天枢
天权
玉衡
天玑
天璇

大犬座

天狼

武仙座

武仙座
球状星团
天市右垣一
帝座

天琴座

定位

天琴座是一个小星座，位于夏季天穹的高处，并靠近银河系。很容易定位，这主要归功于明亮的织女一，该恒星与天鹰座的河鼓二和天鹅座的天津四一同组成了“夏季大三角”（参见第11页的星图）。

主星

织女一是天琴座的主星，它的阿拉伯语名意为“秃鹫”，是天穹中最亮的恒星之一。渐台二在阿拉伯语中意为“竖琴”，渐台三为“乌龟”，因七弦琴的音板是由乌龟壳制成的。

实用知识

由于地球自转轴方向会发生变化，北极星也会随之改变。大约12000年后，织女一将再次成为北极星。

神话传说

在中东或印度，该星座代表着秃鹫。对于希腊人来说，天琴座原本是诗人俄耳甫斯的乐器七弦竖琴。为了从冥界中拯救自己的未婚妻欧律狄刻，他用音乐迷住了冥王哈迪斯。但是，从冥界出来之后，他违背了冥王的告诫转身回望，却导致欧律狄刻堕回冥界的无底深渊。

猎户座

定位

猎户座是冬天美丽的星座之一，有3颗对齐的恒星组成了猎户的“腰带”。非常明亮，很容易观察。

主星

猎户的身体上有四颗明亮的恒星：参宿七、参宿六、参宿四和参宿五。参宿四是一颗红超巨星，是目前已知巨大的恒星之一。如果它位于太阳的位置，会延伸到木星轨道外。

实用知识

猎户座腰带三星的下方是雄伟瑰丽的猎户座大星云，这是一团被年轻恒星照亮的气体和尘埃云，人从地球上用肉眼看到的则是一团扩散着的巨大白斑。

神话传说

因为构成它的行星那无与伦比的光彩，在世界各地的神话传说中都有关于本星座的独特故事。对古希腊人来说，猎户座是传说中被蝎子杀死的猎人俄里翁，死后被升上天空，并且与同样被升上天空的天蝎座遥遥相对，老死不相往来。

飞马座

定位

飞马座是一个大型星座，它在夏末的一个午夜左右抵达其在天穹上的最高点。该星座的四颗亮星构成的“秋季四边形”非常显眼，也是夜空中的一个主要地标，可以帮助你很快定位它。这一四边形由室宿一、室宿二、壁宿一，以及壁宿二组成，后者同时也属于邻近的仙女座。剩下的三颗恒星因此形成一个三角形，即飞马的翅膀。

主星

飞马座的主要恒星的名字都来自阿拉伯语，且均指代飞马的一个部位，其中最亮的危宿三指的是鼻子，室宿二指的是肩膀，室宿一指的是马鞍，壁宿一指的是侧翼。

实用知识

太阳系外首次被证实拥有行星的恒星即为飞马座的室宿增一（也称飞马座51），第一颗系外行星的发现时间是在1995年。

神话传说

在希腊神话中，飞马指的是一匹有翼的马，英雄珀尔修斯去拯救安德洛美达公主时骑的就是它。

英仙座

定位

英仙座看起来像放置在银河系前的五角星。从飞马座的“秋季四边形”出发，经过仙女座，然后上升到仙后座下方的御夫座的亮星五车二后，即可看到这一星座。

主星

该星座的主星是一颗名为天船三的超巨星，它在阿拉伯语中代表着“昴宿星团的肘部”。本星座最著名的恒星是大陵五，它是很多文明传说中的“恶魔之星”。大陵五是一颗变星，可以在不到三天的时间内观察到其亮度的明显变化。

实用知识

英仙座和仙后座之间是英仙座双星团，它包含数百颗年轻的恒星。八月中旬的英仙座流星雨应该也来自这个星座。

神话传说

珀尔修斯是达那厄和宙斯的儿子，他成功斩首蛇发女妖美杜莎（英仙座的亮星大陵五据称就是美杜莎的眼睛所化），然后当海怪刻托来袭时，他将美杜莎的头颅举到海怪的面前，并成功拯救了安德洛美达公主。

小熊座

定位
可以通过大熊座定位小熊座：将前者斗勺外缘的两颗星之间的距离拉长五倍，即可到达小熊座前端的勾陈一。小熊座与大熊座相反，呈一个倒置的斗勺状，且亮度比大熊座低。

主星
该星座的主星是勾陈一，即现在的北极星，因为它是肉眼可见的离天球北极最近的恒星。

实用知识
由于岁差的存在，勾陈一并非一直是，而且也不总会是北极星：4000多年前，是天龙座的右枢扮演这一角色，而在遥远的未来，将轮到天琴座的织女一。

神话传说
在希腊神话中，小熊座代表的是宙斯和卡利斯托的儿子阿卡斯。卡利斯托被宙斯善妒的妻子赫拉变成了一头熊。当阿卡斯在一次狩猎中即将杀死有自己的母亲变化成的熊时，宙斯赶到，并将他们母子俩一同升上天穹，母亲就是大熊座，儿子就是小熊座。

天蝎座

定位
天蝎座形似一只巨大的蝎子，光彩夺目，范围很大，在夏季的天空中很容易找到。它属于黄道十二星座之一，位于人马座和天秤座之间。

主星
该星座的主星心宿二是夜空中最亮的恒星之一，其法文名（Antarès）来自希腊语，原意为“火星的竞争对手”。这是一颗红超巨星，也被称为“蝎子的心脏”。它特有的微红色星光可能会与火星相混淆。

实用知识
你可以在天蝎座的尾部附近观察到两个美丽的疏散星团，第一个是由古希腊的天文学家托勒密于2世纪发现的托勒密星团，第二个是亮度稍低的蝴蝶星团。借助天蝎座，还可以定位银河系的中心。该中心与附近略微黯淡的人马座相隔不远。

神话传说
在希腊神话中，天蝎座代表的是狩猎女神阿尔忒弥斯派来刺杀猎人俄里翁的那只蝎子。因此，天蝎座和猎户座永远不会在天上相遇，当猎户座在西方消失时，天蝎座才从东方升起。

金牛座

定位
金牛座很容易辨认。它位于白羊座和双子座之间，猎户座上方。最佳观测时间是冬季。

主星
该星座的主星是一颗名叫毕宿五的红巨星，它在阿拉伯语中的意思是“追随者”，因为这颗恒星一直在昴宿星团的运行轨道上追逐着它。除此之外，毕宿五也被称为“公牛之眼”。本星座第二亮的恒星叫五车五，它代表着“牛角”，并与邻近的御夫座的多颗亮星组成了“冬季六边形”。

实用知识
金牛座拥有两个巨大的星团：第一个是昴宿星团，其中有大约十数颗恒星肉眼可见；第二个是毕宿星团，它位于毕宿五附近。

神话传说
在希腊神话中，宙斯化身成一头白牛去绑架腓尼基公主欧罗巴。公主骑着公牛前往克里特岛，并在那里与宙斯结合。

室女座

定位
室女座是黄道十二星座之一，位于天秤座和狮子座之间，是天穹中的第二大星座，仅次于水蛇座。角宿一是本星座最亮的恒星，位于从大熊座的尾部开始，并穿过牧夫座的大角星的圆弧的延伸部分，通过它可以很轻松地定位室女座。

主星
角宿一，在拉丁语中是“麦穗”的意思，是本星座中最亮的恒星。它是一颗蓝巨星，同时也是一颗双星。角宿一与狮子座的轩辕十四以及牧夫座的大角星共同组成了“春季大三角”。

实用知识
该星座的北部有众多星系，此处的室女座星系团就包含数百个星系。这个星系团本身就是室女座超星团的一部分，而包含银河系的本地星系群也属于这个超星团。

神话传说
在古代，角宿一的偕日升与丰收季节相对应。因此，在希腊神话中，这个星座的形象是手持麦穗的农业女神得墨忒耳。

小熊座

勾陈一

天蝎座

金牛座

室女座

银河系

观测

在一片漆黑的夜空中，银河就像一条穿过天穹的白色围巾。它也是我们所在的星系。你能从地球上看到银河的横截面，而且我们在天空中观察到的大多数天体都是银河的一部分。在夏季，可以在人马座中观察到银河的中心（即核球）。你还会看到大片的黑暗区域，经过此处的星光都会被宇宙尘埃所吸收。

实用知识

银河系是一个由大约2000亿颗恒星（包括太阳）组成的螺旋星系，其旋臂围绕着一个包含超大质量黑洞的中心旋转。

神话传说

对于美洲的印第安人来说，银河是死者去往来世的道路，波利尼西亚人认为银河是一道海峡，里面生活着像鱼一样的星星，古埃及人则把银河看作是尼罗河在天上的映像。在西方，银河的名字来自希腊神话：宙斯把他的儿子赫拉克勒斯（是宙斯与凡人所生）放在他沉睡的妻子赫拉体内，这样赫拉克勒斯就能长生不死。赫拉醒来之后，生气地把婴儿推开，这时乳汁从她的胸膛喷涌而出，漫天飞舞，从而形成了银河。

仙女星系

定位

仙女星系位于同名星座，其星系核位于仙女座奎宿九与仙后座的W形右点的连接线上。

观测

可以在黑暗的夜空中观察到，是北半球少数几个肉眼可见的星系之一。仙女星系是天穹中范围广阔的天体之一，看起来像一个比月球视直径长数倍的奶白色斑点。其星系核是中央最亮的部分，肉眼可见。

实用知识

仙女星系是离银河系最近的螺旋星系，两者正在相互靠近，并将在40亿年内相遇。接下来，它们将会交换气体和恒星，并缓慢融合成一个巨大的椭圆星系。这一全新星系的名称将是两者名字的合写，即银河仙女星系（译者注：法文为Lactomède，英文为Milkomeda，均为两者外文名的合写）。

猎户座大星云

定位

猎户座大星云位于同名星座，就在形成猎人腰带的三颗亮星的身后。

观测

在没有光污染的情况下，用肉眼可以很容易地观察到这一广袤无垠星云。它看上去就像一团大且模糊的白斑，比满月的视直径大四倍。

实用知识

猎户座大星云只是肉眼可见的巨大星际云的一部分，它横跨猎户座的大部分地区。恒星就是在星云中诞生的，天文学家也将其称为“恒星诞生的摇篮”。猎户座大星云孕育了许多非常年轻的恒星，对它们的观测有助于更好地了解恒星的形成过程。

昴宿星团

定位

可以很容易地在金牛座中发现这一星团。它位于从猎户座腰带三星到金牛座毕宿五之间连线的延长线上。

观测

仅用肉眼观察，你就能很轻松地在昴宿星团中看到6～7颗相邻的十分明亮的恒星，有时候甚至能看到10～12颗。

实用知识

昴宿星团是一个疏散星团，由大约2000颗年轻恒星组成，它们从同一片星云中诞生，年龄相同，并将在数百万年后逐渐相互远离。昴宿星团在史前时代就已为人所知：它在北半球天穹中的出现和消失分别预示着春天和秋天的到来，这对农业活动有着重要的指导意义。

神话传说

在希腊神话中，昴宿星团代表了泰坦神阿特拉斯和普勒俄涅所生的七个女儿，她们分别是昴宿六（阿尔克俄涅）、昴宿增九（刻莱诺）、昴宿一（厄勒克特拉）、昴宿三（阿斯忒洛珀）、昴宿二（塔吉忒）、昴宿四（迈亚）和昴宿五（墨洛珀），它们均肉眼可见。

托勒密星团

定位

该星团位于天蝎座，你可以在蝎尾和人马座之间发现它。

观测

当观测条件良好时，托勒密星团看上去是一个苍白的圆斑。虽然无法用肉眼分辨单个的恒星，但仍可以观察到该星团中的恒星群。在本星团附近，还可以观察到另外一个较小的点，即蝴蝶星团。

实用知识

托勒密星团是距离地球很近的疏散星团之一，得名于公元2世纪的希腊科学家克劳德·托勒密（Claude Ptolémée）。由于它位于蝎子尖螯的正上方，托勒密将其称为“蝎子刺后的星云”。

毕宿星团

定位

该星团位于金牛座最亮的恒星毕宿五附近，但后者并不是该星团的一部分。毕宿星团和我们的距离是我们到这颗恒星的两倍。

观测

毕宿星团的主要恒星组成了一个大V字，是金牛座所代表的公牛的头部，而毕宿五则是它的眼睛。该星团的恒星密度没有昴宿星团大，因此也没有后者明亮。

实用知识

本星团包含300多颗恒星，是距离地球最近的星团。与大多数疏散星团一样，这些诞生于同一片星云中的年轻恒星会慢慢远离彼此，从而导致星团的分裂。爱因斯坦著名的广义相对论正是通过在日食期间对毕宿星团的观测，才得到验证。

神话传说

在希腊神话中，毕宿星团得名于以酒神狄俄尼索斯的哺育者许阿得斯七姐妹。相传，宙斯为了感谢她们对他儿子养育和奉献而将她们升上天穹。

英仙座双星团

定位

该双星团位于仙后座下方，朝向英仙座。

观测

可以在非常黑暗的夜空中通过肉眼观察到双星团。它看上去像一块椭圆形（这也是双星团的标志）的白斑，比满月稍大，但亮度要低得多。

实用知识

这两个星团来自同一个星云，年龄相仿，包含着许多年龄在数百万年的年轻恒星。虽然英仙座双星团比起昴宿星团来距离我们更远，但是从地球上看，它们的大小几乎一样，这也证明了其巨大的分布范围。

礁湖星云

定位

该星云位于人马座内由多颗亮星构成的茶壶形状的上方。

观测

在没有光污染的情况下，该星云在无月的天空中肉眼可见。它看起来就像人马座茶壶壶嘴上方冒出的一小团蒸汽，大小是满月的三倍。

实用知识

礁湖星云由氢和尘埃云组成，巨大而瑰丽，其中有聚集成团的非常年轻的恒星以及正在形成中的恒星。

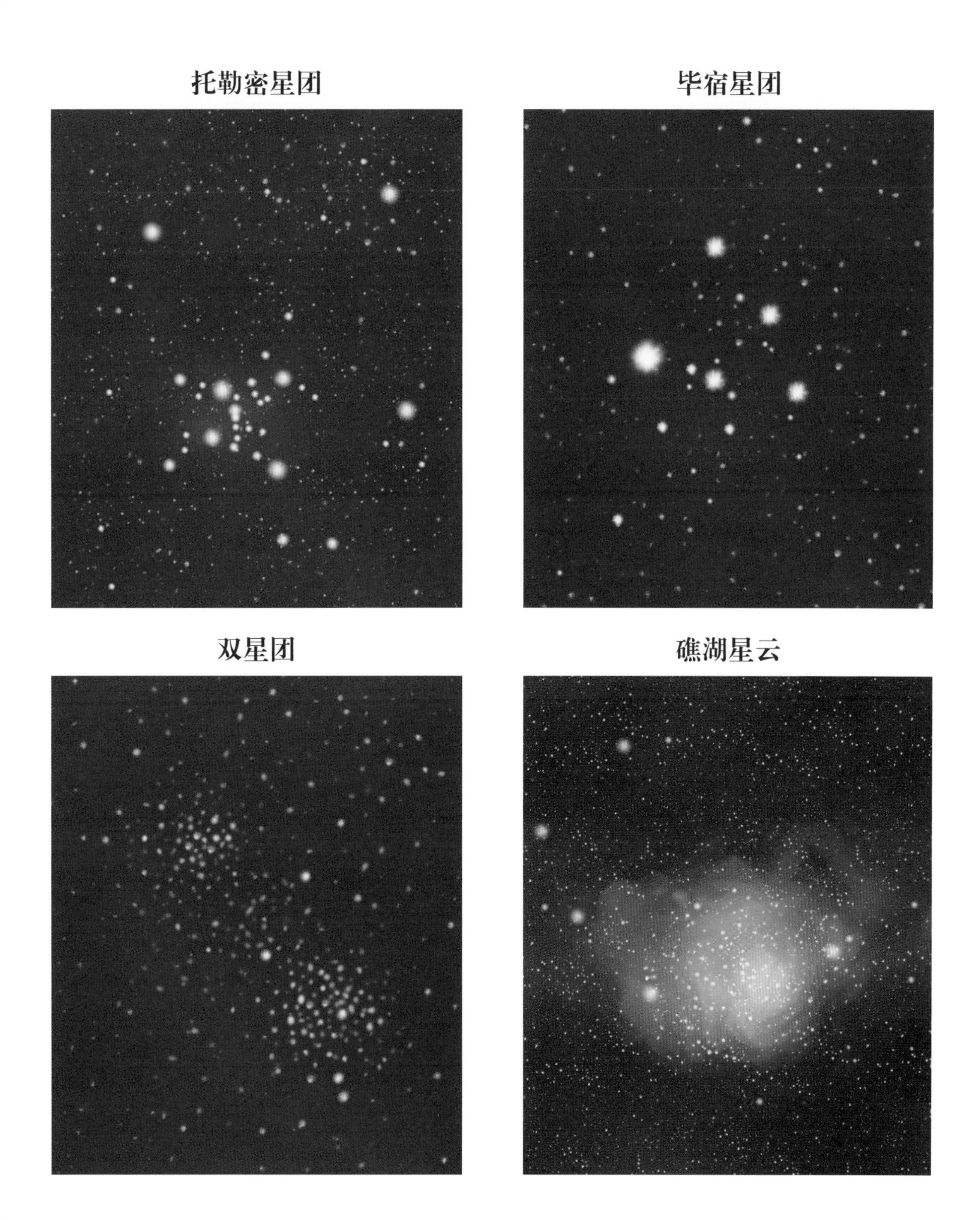
托勒密星团
毕宿星团
双星团
礁湖星云

词汇

发香鳞：一种特殊的鳞片，会散发费洛蒙，偶尔会出现在蝴蝶雄虫翅膀表面。也被称为发香斑或发香带。

一年生：一个完整的生长周期所需的时间在一年以内的植物被称为一年生植物。其生长周期包括萌芽、开花、结果和枯萎。

翅顶：蝴蝶前翅或后翅的末端。

天体：太空中任何可见的物体或者结构（包括恒星、行星、星系和星云等）

每年两代：每年产两代的蝴蝶。

两年生：植物的生长周期为两年。在第一年，种子发芽，植物生长，然后越冬休眠。第二年，植物开花、结果然后枯萎。

苞片：生长在花柄基部的叶子。

落叶：树叶慢慢变成褐色，并在冬天落下。

花萼：位于花基部的所有萼片的总称。

头状花序：菊科植物的花序。

星座：指天穹中足够近的一群星星（但并没有共同联系），按照神话传说的描述，组成了一定的形状，在人类历史中被用于标识时间和空间。

两性异形：雄性和雌性之间的形态差异。

黄道：从地球上看到的天穹上的一条线，是星星围绕太阳运行的轨道所处的平面的投影；人类可以从地球上看到行星在这条线上的运动轨迹。

星历：一本能显示天体（如行星）每天在天穹上所处的位置的天象表。

二分点：地球在绕太阳运动过程中处于一个特定位置时，白天和黑夜的持续时间完全相同。一年有两个二分点，分别是春分和秋分。

恒星：一种通过其核心进行的核聚变反应而能够向外发射光的天体。

双星：两颗恒星相互环绕，形成一个双星系统。

多星：一个有3颗甚至更多的恒星组成的天体系统。

变星：光度随时间而变化的恒星，变化周期或长或短。

星系：由数十亿颗恒星在重力作用下聚集在一起的天体系统。

草本：茎干无木质化的植物。

成虫：蝴蝶的成年形态。

花序：以一种确切的方式聚集和排列在茎上的一组花。

总苞：包围花序的所有苞片的总称。

偕日升：在经过一段时间因隐藏在地平线以下或在阳光的照耀下而消失后，某颗星星在拂晓时又出现在东方的地平线上，这一现象就被叫作偕日升。

木本：茎干木质化的植物。

舌状（花）：构成菊科植物头状花序的片状花。

中间层：位于海拔50～85km的大气层。

黏质：植物分泌的黏稠物质。

星云：一种由稀薄的气体和尘埃组成的宇宙物质集合。

对流凝结高度：空气中水蒸气发生凝结并形成云的高度。

眼斑：某些蝴蝶翅膀上的圆斑。

十字形对生（叶）：成两组对生，上下两组的排列刚好形成一个90° 的直角。

冲：当行星与地球相比，处于太阳的相对位置时，即被称为冲。在这个位置，它离地球最近，也是最佳的观测点。

常绿：叶子在冬天保持翠绿且不会掉落。

有叶柄的（叶）：与茎通过叶柄相连的叶子。

行星：一种围绕恒星旋转的固体或气体天体。它本身不发光，而是反射恒星的光。

岁差：指地球自转轴指向缓慢且连续的变化。

被短柔毛的：指被短柔毛覆盖的叶片或茎干。

多分枝：有多处分枝的植物。

无叶柄的（叶）：没有叶柄。

二至点：冬至标志着冬季的到来，是一年中夜晚最长的一天，而夏至则是一年中夜晚最短的一天。

对流层：指从地面到海拔10km（在中纬度地区）左右的大气层。在该层中会发生大部分的气象现象，包括云的形成。

管状（花）：构成菊科植物头状花序的管状花。

到处存在：特指一种对生存条件要求不高，可以在所有类型的环境中找到的蝴蝶。

每年一代：指每年只产一代的蝴蝶。

多年生：生长周期持续数年的植物。得益于其地下器官，如根、球茎和地下茎，多年生植物可以免受寒冷的侵袭，从而度过冬天，并存活数年。

黄道十二宫：即黄道周围的天区，该处分布着著名的黄道十二星座。

索引

按读音

按分类

树木

蘑菇

深空

星座

昆虫

云

鸟类

最受欢迎的昆虫：蝴蝶

天文和大气现象

开花植物

太阳系

图书在版编目（CIP）数据

我的第一堂自然课：奇妙的探索之旅/（法）布兰迪尼 · 普吕谢等著；（法）丽丝 · 赫尔佐克绘；王柳棚译.—武汉：华中科技大学出版社，2022.6（2024.5重印）

ISBN 978-7-5680-6350-0

Ⅰ.①我… Ⅱ.①布… ②丽… ③王… Ⅲ.①自然科学－普及读物 Ⅳ.①N49

中国版本图书馆CIP数据核字（2022）第053368号

Le Petit guide des explorateurs de la nature
© 2020, Éditions First, an imprint of Édi8, Paris, France.
Simplified Chinese edition arranged through Dakai - L'Agence

Textes
Blandine Pluchet : pages 6 à 13, 27-28, 33-34, 41, 53-54, 71, 82-83, 104-105, 114-115, 123, 134-135, 143 à 183.
Morgane Peyrot : pages 14 (bleuet), 16 (mauve, berce spondyle), 20-21, 22 (pourpier, tanaisie), 30 à 33, 36 à 39, 42-43, 44 (renouée du Japon), 45, 46, 48 (massette, lysimiaque, verge d'or), 50, 56 à 63, 94 (ail des ours, égopode), 96 (aspérule), 98 à 101, 102 (violette, thé d'Europe), 106 à 113, 124 à 129, 136 à 141.
Sophie Padié : pages 14 (sauge), 15, 16 (cardère et crise), 18-19, 22 (compagnon blanc, plantain lancéolé), 24 à 27, 44 (menthe), 47, 48 (iris), 94 (alliaire et anémone), 96 (fraisier, sceau de Salomon, muguet), 102 (ancolie, digitale).
Xavier Nitsch : pages 52-53, 72 à 81, 130 à 133.
Thomas Launois : pages 64 à 69, 116 à 121, 144-145.
Charles Zettel : pages 84 à 93.

Illustrations
Lise Herzog

简体中文版由法国Éditions First授权华中科技大学出版社有限责任公司在中华人民共和国境内（但不含香港特别行政区、澳门特别行政区和台湾地区）出版、发行。

湖北省版权局著作权合同登记　图字：17-2022-039号

出版发行：华中科技大学出版社（中国 · 武汉）　电话：（027）81321913
华中科技大学出版社有限责任公司艺术分公司　（010）67326910-6023
出 版 人：阮海洪

责任编辑：莽　昱　康　晨
责任监印：赵　月　黄鲁西　封面设计：李爱雪

制　作：北京博逸文化传播有限公司
印　刷：北京市房山腾龙印刷厂
开　本：787mm × 1092mm　1/16
印　张：12
字　数：110千字
版　次：2024年5月第1版第2次印刷
定　价：228.00元

华中出版
本书若有印装质量问题，请向出版社营销中心调换
全国免费服务热线：400-6679-118　竭诚为您服务
版权所有　侵权必究